U0662158

国家电网有限公司
电力安全工作规程习题集

（生物质电厂变电部分）

国家电网有限公司　编

中国电力出版社
CHINA ELECTRIC POWER PRESS

图书在版编目（CIP）数据

国家电网有限公司电力安全工作规程习题集. 生物质电厂变电部分 / 国家电网有限公司编. —北京：中国电力出版社，2018.7（2018.9 重印）

ISBN 978-7-5198-2287-3

Ⅰ. ①国… Ⅱ. ①国… Ⅲ. ①电力工业–安全规程–中国–技术培训–习题集②生物能源–发电厂–中国–技术培训–习题集 Ⅳ. ①TM08-65

中国版本图书馆 CIP 数据核字（2018）第 169689 号

出版发行：中国电力出版社

地　　址：北京市东城区北京站西街 19 号（邮政编码 100005）

网　　址：http://www.cepp.sgcc.com.cn

责任编辑：安小丹（010-63412367）

责任校对：马　宁

装帧设计：赵姗姗

责任印制：石　雷

印　　刷：北京雁林吉兆印刷有限公司

版　　次：2018 年 7 月第一版

印　　次：2018 年 9 月北京第二次印刷

开　　本：850 毫米×1168 毫米　32 开本

印　　张：9.375

字　　数：240 千字

印　　数：1001—2000 册

定　　价：60.00 元

编 制 说 明

1. 本习题集适用于生物质发电企业从事有关电气专业的生产人员（包括生产管理人员）。

2. 本习题集内容全部出自 Q/GDW 1799.1—2013《国家电网公司电力安全工作规程 第 1 部分：变电部分》（简称变电《安规》）和 Q/GDW 434.3—2012《国家电网公司安全设施标准 第 3 部分：火电厂》（简称火电厂《安全设施标准》）。

3. 本习题集编制过程中侧重考虑重要章节和条款，共精选了千余道题，其中，单选题 462 道，多选题 232 道，判断题 230 道，填空题 175 道，简答题 38 道，事故案例分析 10 例，工作票纠错样例 5 例。

目　　录

编制说明

第一部分

电力安全工作规程习题

3 术 语 和 定 义

3.1

低［电］压 **low voltage，LV**

用于配电的交流系统中 1000V 及以下的电压等级。

［GB/T 2900.50—2008，定义 2.1 中的 601-01-26］

【单选题】低［电］压指用于配电的交流系统中（　　）的电压等级。

A. 220V 以下　　　　　　　　B. 220V 及以下

C. 1000V 以下　　　　　　　 D. 1000V 及以下

答案：D（变电《安规》3.1）

【判断题】低压是指用于配电的交流系统中 1000V 及以下的电压等级。

答案：正确（变电《安规》3.1）

【填空题】低［电］压：用于配电的交流系统中＿＿＿＿＿的电压等级。

答案：1000V 及以下（变电《安规》3.1）

3.2

高［电］压 **high voltage，HV**

a）　通常指超过低压的电压等级。

b）　特定情况下，指电力系统中输电的电压等级。

［GB/T 2900.50—2008，定义 2.1 中的 601-01-27］

【单选题】高［电］压通常指超过低压的电压等级。在特定情况下，指电力系统中（　　）的电压等级。

A. 输电　　 B. 直流电　　 C. 配电　　　 D. 用电

答案：A（变电《安规》3.2）

3.3

运用中的电气设备　operating electrical equipment

全部带有电压、一部分带有电压或一经操作即带有电压的电气设备。

【单选题】（　　　）中的电气设备，系指全部带有电压、一部分带有电压或一经操作即带有电压的电气设备。

A. 运用　　　　B. 运行　　　　C. 检修　　　　D. 备用

答案：A（变电《安规》3.3）

【多选题】运用中的电气设备是指（　　　）的电气设备。

A. 全部带有电压　　　　　　　B. 一部分带有电压

C. 一经操作即带有电压　　　　D. 检修中

答案：ABC（变电《安规》3.3）

【判断题】运用中的电气设备是指全部带有电压、一部分带有电压的电气设备。

答案：错误（变电《安规》3.3）

3.4

事故紧急抢修工作　emergency repair work

指电气设备发生故障被迫紧急停止运行，需短时间内恢复的抢修和排除故障的工作。

【单选题】（　　　）工作，指电气设备发生故障被迫紧急停止运行，需短时间内恢复的抢修和排除故障的工作。

A. 事故紧急抢修　　　　　　　B. 检修

C. 应急处理　　　　　　　　　D. 事故处理

答案：A（变电《安规》3.4）

【判断题】事故紧急抢修工作是指电气设备发生故障被迫紧急停止运行，需按计划恢复的抢修和排除故障的工作。

答案：错误（变电《安规》3.4）

3.5

设备双重名称　dual tags of equipment

即设备名称和编号。

【单选题】设备双重名称即设备名称和（　　）。

A. 参数　　　B. 状态　　　C. 称号　　　D. 编号

答案：D（变电《安规》3.5）

【多选题】设备双重名称即设备的（　　）。

A. 参数　　　B. 状态　　　C. 名称　　　D. 编号

答案：CD（变电《安规》3.5）

4 总 则

4.1 为加强电力生产现场管理，规范各类工作人员的行为，保证人身、电网和设备安全，依据国家有关法律、法规，结合电力生产的实际，制定本规程。

【多选题】为加强电力生产现场管理，规范各类工作人员的行为，保证（ ）安全，依据国家有关法律、法规，结合电力生产的实际，制定《国家电网公司电力安全工作规程》。

A. 人身 B. 电网 C. 设备 D. 信息

答案：ABC（变电《安规》4.1）

4.2 作业现场的基本条件。

4.2.1 作业现场的生产条件和安全设施等应符合有关标准、规范的要求，工作人员的劳动防护用品应合格、齐备。

【单选题】作业现场的生产条件和安全设施等应符合有关标准、规范的要求，工作人员的（ ）应合格、齐备。

A. 劳动防护用品 B. 安全工器具

C. 施工机具 D. 装备

答案：A（变电《安规》4.2.1）

【填空题】作业现场的生产条件和安全设施等应符合有关标准、规范的要求，工作人员的_____应合格、齐备。

答案：劳动防护用品（变电《安规》4.2.1）

4.2.2 经常有人工作的场所及施工车辆上宜配备急救箱，存放急救用品，并应指定专人经常检查、补充或更换。

【多选题】经常有人工作的场所及施工车辆上宜配备急救箱，存放急救用品，并应指定专人经常（ ）。

A. 检查 B. 补充 C. 更换 D. 使用

答案：ABC（变电《安规》4.2.2）

【判断题】 经常有人工作的场所及施工车辆上宜配备急救箱，存放急救用品，并应指定专人经常检查、补充或更换。

答案：正确（变电《安规》4.2.2）

【填空题】 经常有人工作的场所及施工车辆上宜配备_____，存放急救用品，并应指定专人经常检查、补充或更换。

答案：急救箱（变电《安规》4.2.2）

4.2.3 现场使用的安全工器具应合格并符合有关要求。

【单选题】 现场使用的安全工器具应（　　）并符合有关要求。

A. 规范　　　　B. 合格　　　　C. 齐备　　　　D. 可靠

答案：B（变电《安规》4.2.3）

【判断题】 现场使用的安全工器具应合格并符合有关要求。

答案：正确（变电《安规》4.2.3）

4.2.4 各类作业人员应被告知其作业现场和工作岗位存在的危险因素、防范措施及事故紧急处理措施。

【单选题】 各类作业人员应被告知其作业现场和工作岗位存在的危险因素、防范措施及（　　）。

A. 事故紧急处理措施　　　　B. 紧急救护措施

C. 应急预案　　　　　　　　D. 逃生方法

答案：A（变电《安规》4.2.4）

【多选题】 各类作业人员应被告知其作业现场和工作岗位存在的（　　）。

A. 事故紧急处理措施　　　　B. 危险因素

C. 防范措施　　　　　　　　D. 逃生方法

答案：ABC（变电《安规》4.2.4）

4.3 作业人员的基本条件。

4.3.1 经医师鉴定，无妨碍工作的病症（体格检查每两年至少一次）。

【单选题】 作业人员应经医师鉴定，无妨碍工作的病症，体格检查每（　　）至少一次。

A. 半年　　　　B. 一年　　　　C. 两年　　　　D. 三年

答案：C（变电《安规》4.3.1）

4.3.2 具备必要的电气知识和业务技能，且按工作性质，熟悉本规程的相关部分，并经考试合格。

【单选题】电气作业人员应具备必要的电气知识和业务技能，且按工作性质，熟悉变电《安规》的相关部分，并经（　　）。

A. 专业培训　B. 考试合格　C. 技能培训　D. 现场实习

答案：B（变电《安规》4.3.2）

4.3.3 具备必要的安全生产知识，学会紧急救护法，特别要学会触电急救。

【单选题】电气作业人员应具备必要的（　　），学会紧急救护法，特别要学会触电急救。

A. 理论知识　　　　　　　　B. 实践经验

C. 安全生产知识　　　　　　D. 生产知识

答案：C（变电《安规》4.3.3）

【填空题】电气作业人员应具备必要的安全生产知识，学会_____，特别要学会触电急救。

答案：紧急救护法（变电《安规》4.3.3）

4.3.4 进入作业现场应正确佩戴安全帽，现场作业人员应穿全棉长袖工作服、绝缘鞋。

【填空题】进入电气作业现场应正确佩戴_____，现场作业人员应穿全棉长袖工作服、绝缘鞋。

答案：安全帽（变电《安规》4.3.4）

【问答题】作业人员必须具备哪些基本条件？

答案：① 经医师鉴定，无妨碍工作的病症（体格检查每两年至少一次）；② 具备必要的电气知识和业务技能，且按工作性质，熟悉《国家电网公司电力安全工作规程》的相关部分，并经考试合格；③ 具备必要的安全生产知识，学会紧急救护法，特别要学会触电急救；④ 进入作业现场应正确佩戴安全帽，现场作业人员应穿全棉长袖工作服、绝缘鞋。

（变电《安规》4.3）

4.4 教育和培训。

4.4.1 各类作业人员应接受相应的安全生产教育和岗位技能培训，经考试合格上岗。

【单选题】各类作业人员应接受相应的安全生产教育和岗位技能培训，经（　　　）上岗。

A. 领导批准　　　　　　　B. 安全培训

C. 考试合格　　　　　　　D. 现场实习

答案：C（变电《安规》4.4.1）

【多选题】各类作业人员应接受相应的（　　　），经考试合格上岗。

A. 安全生产教育　　　　　B. 安全警示教育

C. 岗位技能培训　　　　　D. 岗位职责培训

答案：AC（变电《安规》4.4.1）

4.4.2 作业人员对本规程应每年考试一次。因故间断电气工作连续三个月以上者，应重新学习本规程，并经考试合格后，方能恢复工作。

【单选题】因故间断电气工作连续（　　　）个月以上者，应重新学习变电《安规》，并经考试合格后，方能恢复工作。

A. 一　　　　B. 二　　　　C. 三　　　　D. 六

答案：C（变电《安规》4.4.2）

【判断题】作业人员对《国家电网公司电力安全工作规程》应每年考试一次。因故间断电气工作连续三个月以上者，应重新学习变电《安规》，并经考试合格后，方能恢复工作。

答案：正确（变电《安规》4.4.2）

4.4.3 新参加电气工作的人员、实习人员和临时参加劳动的人员（管理人员、非全日制用工等），应经过安全知识教育后，方可到现场参加指定的工作，并且不得单独工作。

【单选题】新参加电气工作的人员、实习人员和临时参加劳动的人员（管理人员、非全日制用工等），应经过（　　）后，方可到现场参加指定的工作，并且不得单独工作。

A. 岗位技能培训　　　　　B. 安全知识教育

C. 领导批准　　　　　　　D. 电气知识培训

答案：B（变电《安规》4.4.3）

【判断题】新参加电气工作的人员、实习人员和临时参加劳动的人员（管理人员、非全日制用工等），应经过安全知识教育后，方可到现场单独工作。

答案：错误（变电《安规》4.4.3）

【填空题】新参加电气工作的人员、实习人员和临时参加劳动的人员（管理人员、非全日制用工等），应经过安全知识教育后，方可到现场参加_____的工作，并且不得单独工作。

答案：指定（变电《安规》4.4.3）

4.4.4 参与公司系统所承担电气工作的外单位或外来工作人员应熟悉本规程，经考试合格，并经设备运维管理单位认可，方可参加工作。工作前，设备运维管理单位应告知现场电气设备接线情况、危险点和安全注意事项。

【多选题】参与公司系统所承担电气工作的外单位或外来工作人员在工作前，设备运维管理单位应告知（　　　）。

A. 作业时间　　　　　　　B. 现场电气设备接线情况

C. 危险点　　　　　　　　D. 安全注意事项

答案：BCD（变电《安规》4.4.4）

4.5 任何人发现有违反本规程的情况，应立即制止，经纠正后才能恢复作业。各类作业人员有权拒绝违章指挥和强令冒险作业；在发现直接危及人身、电网和设备安全的紧急情况时，有权停止作业或者在采取可能的紧急措施后撤离作业场所，并立即报告。

【多选题】各类作业人员有权拒绝（　　　）。

A. 违章指挥　　　　　　B. 强令冒险作业

C. 加班工作　　　　　　D. 带电作业

答案：AB（变电《安规》4.5）

【判断题】任何人发现有违反《国家电网公司电力安全工作规程》的情况，应立即制止，经纠正后才能恢复作业。

答案：正确（变电《安规》4.5）

【简答题】按照变电《安规》规定，作业人员在发现直接危及人身、电网和设备安全的紧急情况需避险时，应怎样做？

答案：有权停止作业或者在采取可能的紧急措施后撤离作业场所，并立即报告。

（变电《安规》4.5）

4.6　在试验和推广新技术、新工艺、新设备、新材料的同时，应制定相应的安全措施，经本单位批准后执行。

【单选题】在试验和推广新技术、新工艺、新设备、新材料的同时，应制定相应的（　　　），经本单位批准后执行。

A. 安全措施　　B. 技术措施　　C. 组织措施　　D. 反事故措施

答案：A（变电《安规》4.6）

【多选题】在试验和推广（　　　　）的同时，应制定相应的安全措施，经本单位批准后执行。

A. 新技术　　　B. 新工艺　　　C. 新设备　　　D. 新材料

答案：ABCD（变电《安规》4.6）

5 高压设备工作的基本要求

5.1 一般安全要求。

5.1.1 运维人员应熟悉电气设备。单独值班人员或运维负责人还应有实际工作经验。

【判断题】运维人员应熟悉电气设备。单独值班人员或运维负责人还应有实际工作经验。

答案：正确（变电《安规》5.1.1）

【填空题】运维人员应熟悉电气设备。单独值班人员或运维负责人还应有_____。

答案：实际工作经验（变电《安规》5.1.1）

5.1.2 高压设备符合下列条件者，可由单人值班或单人操作：

　　a）　室内高压设备的隔离室设有遮栏，遮栏的高度在1.7m以上，安装牢固并加锁者。

　　b）　室内高压断路器（开关）的操动机构（操作机构）用墙或金属板与该断路器（开关）隔离或装有远方操动机构（操作机构）者。

【多选题】高压设备符合下列条件者，可由单人值班或单人操作：（　　）。

A. 室内高压设备的隔离室设有遮栏，遮栏的高度在1.7m以上，安装牢固并加锁者

B. 室内高压断路器（开关）的操动机构（操作机构）用墙或金属板与该断路器（开关）隔离者

C. 室内高压断路器（开关）装有远方操动机构（操作机构）者

D. 室内高压设备的隔离室设有遮栏，遮栏的高度在1.5m以上，安装牢固并加锁者

答案：ABC（变电《安规》5.1.2）

5.1.4 无论高压设备是否带电，作业人员不得单独移开或越过遮栏进行工作；若有必要移开遮栏时，应有监护人在场，并符合表1的安全距离。

表1　　　　　　　设备不停电时的安全距离

电压等级 kV	安全距离 m	电压等级 kV	安全距离 m
10 及以下（13.8）	0.70	1000	8.70
20、35	1.00	±50 及以下	1.50
66、110	1.50	±400	5.90
220	3.00	±500	6.00
330	4.00	±660	8.40
500	5.00	±800	9.30
750	7.20		

注1：表中未列电压等级按高一档电压等级确定安全距离。
注2：±400kV 数据是按海拔 3000m 校正的，海拔 4000m 时安全距离为 6.00m。750kV 数据是按海拔 2000m 校正的，其他等级数据按海拔 1000m 校正。

【单选题】无论高压设备是否带电，作业人员不得单独移开或越过遮栏进行工作；若有必要移开遮时，应有（　　）在场，并符合设备不停电时的安全距离所规定的安全距离。
A. 安全员　　　B. 监护人　　　C. 负责人　　　D. 班组长
答案：B（变电《安规》5.1.4）

【多选题】设备不停电时的安全距离，以下正确的是（　　）。
A. 330kV，4.00m　　　　　　B. 110kV，1.50m
C. 35kV，0.90m　　　　　　D. 10kV，0.70m
答案：ABD（变电《安规》5.1.4）

【判断题】无论高压设备是否带电，作业人员不得单独移开或越过遮栏进行工作；若有必要移开遮栏时，应有两人在场，并符合设备不停电时的安全距离所规定的安全距离。
答案：错误（变电《安规》5.1.4）

5.1.5 10kV、20kV、35kV 户外（内）配电装置的裸露部分在跨越人行过道或作业区时，若导电部分对地高度分别小于 2.7m（2.5m）、2.8m（2.5m）、2.9m（2.6m），该裸露部分两侧和底部应装设护网。

【单选题】10kV、20kV、35kV 户内配电装置的裸露部分在跨越人行过道或作业区时，若导电部分对地高度小于（　　），该裸露部分两侧和底部应装设护网。

A. 2.6m、2.8m、3.1m　　B. 2.7m、2.8m、2.9m

C. 2.5m、2.5m、2.6m　　D. 2.9m、3.0m、3.5m

答案：C（变电《安规》5.1.5）

【判断题】10kV、20kV、35kV 户外（内）配电装置的裸露部分在跨越人行过道或作业区时，若导电部分对地高度分别小于 2.7m（2.5m）、2.8m（2.5m）、2.9m（2.6m），该裸露部分两侧和底部应装设护网。

答案：正确（变电《安规》5.1.5）

5.1.6 户外 10kV 及以上高压配电装置场所的行车通道上，应根据表 2 设置行车安全限高标志。

表 2　　　　车辆（包括装载物）外廓至无遮栏
带电部分之间的安全距离

电压等级 kV	安全距离 m	电压等级 kV	安全距离 m
10	0.95	750	6.70[b]
20	1.05	1000	8.25
35	1.15	±50 及以下	1.65
66	1.40	±400	5.45[b]
110	1.65（1.75）[a]	±500	5.60
220	2.55	±660	8.00
330	3.25	±800	9.00
500	4.55		

[a]　括号内数字为 110kV 中性点不接地系统所使用。
[b]　±400kV 数据是按海拔 3000m 校正的，海拔 4000m 时安全距离为 5.55m。750kV 数据是按海拔 2000m 校正的，其他等级数据按海拔 1000m 校正。

【判断题】户外 220kV 高压配电装置场所的行车通道上，应设置不小于 2.55m 的行车安全限高标志。

答案：正确（变电《安规》5.1.6）

5.1.7 室内母线分段部分、母线交叉部分及部分停电检修易误碰有电设备的，应设有明显标志的永久性隔离挡板（护网）。

【单选题】室内母线分段部分、母线交叉部分及部分停电检修易误碰有电设备的，应设有（　　　）。

A. 明显标志的永久性隔离挡板（护网）

B. 临时隔离挡板（护网）

C. 临时挡板（护网）

答案：A（变电《安规》5.1.7）

【多选题】室内（　　　）的，应设有明显标志的永久性隔离挡板（护网）。

A. 母线分段部分

B. 母线交叉部分

C. 部分停电检修易误碰有电设备

D. 母线相间部分

答案：ABC（变电《安规》5.1.7）

【判断题】室内母线分段部分、母线交叉部分及部分停电检修易误碰有电设备的，应设临时绝缘挡板将其隔离。

答案：错误（变电《安规》5.1.7）

5.1.8 待用间隔（母线连接排、引线已接上母线的备用间隔）应有名称、编号，并列入调度控制中心管辖范围。其隔离开关（刀闸）操作手柄、网门应加锁。

【判断题】待用间隔的隔离开关（刀闸）操作手柄、网门应加锁。

答案：正确（变电《安规》5.1.8）

【填空题】待用间隔的隔离开关（刀闸）操作手柄、网门应_____。

答案：加锁（变电《安规》5.1.8）

5.1.9 在手车开关拉出后，应观察隔离挡板是否可靠封闭。封闭式组合电器引出电缆备用孔或母线的终端备用孔应用专用器具封闭。

【单选题】封闭式组合电器引出电缆备用孔或母线的终端备用孔应用（ ）封闭。

A. 专用器具 B. 临时隔板 C. 接地隔板 D. 绝缘隔板

答案：A（变电《安规》5.1.9）

【判断题】在手车开关拉出后，应观察隔离挡板是否可靠封闭。

答案：正确（变电《安规》5.1.9）

5.1.10 运行中的高压设备，其中性点接地系统的中性点应视作带电体。在运行中若必须进行中性点接地点断开的工作时，应先建立有效的旁路接地才可进行断开工作。

【单选题】运行中的高压设备，其中性点接地系统的中性点应视作带电体，在运行中若必须进行中性点接地点断开的工作时，应（ ）才可进行断开工作。

A. 调整三相电压平衡　　　　B. 先建立有效的旁路接地

C. 保持一定距离　　　　　　D. 不采取任何措施

答案：B（变电《安规》5.1.10）

【判断题】在运行中若必须进行中性点接地点断开的工作时，应先建立有效的旁路接地才可进行断开工作。

答案：正确（变电《安规》5.1.10）

【填空题】在运行中若必须进行中性点接地点断开的工作时，应先建立有效的_____才可进行断开工作。

答案：旁路接地（变电《安规》5.1.10）

5.2 高压设备的巡视。

5.2.1 经本单位批准允许单独巡视高压设备的人员巡视高压设备时，不准进行其他工作，不准移开或越过遮栏。

【单选题】经本单位批准允许单独巡视高压设备的人员巡视高压设备时，不准进行其他工作，不准（ ）遮栏。

A. 拆除   B. 移开或越过

C. 移动   D. 跨过

答案：B（变电《安规》5.2.1）

【多选题】经本单位批准允许单独巡视高压设备的人员巡视高压设备时，（　　）。

A. 不准进行其他工作   B. 不准移开遮栏

C. 可以进行其他工作   D. 不准越过遮栏

答案：ABD（变电《安规》5.2.1）

【判断题】经本单位批准允许单独巡视高压设备的人员巡视高压设备时，如果确因工作需要，可临时移开或越过遮栏，事后应立即恢复。

答案：错误（变电《安规》5.2.1）

5.2.2 雷雨天气，需要巡视室外高压设备时，应穿绝缘靴，并不准靠近避雷器和避雷针。

【单选题】雷雨天气，需要巡视室外高压设备时，应穿（　　），并不准靠近避雷器和避雷针。

A. 雨靴   B. 绝缘靴   C. 橡胶鞋   D. 绝缘鞋

答案：B（变电《安规》5.2.2）

【单选题】雷雨天气，需要巡视室外高压设备时，应穿绝缘靴，并不准靠近（　　）。

A. 避雷器和避雷针   B. 高压设备

C. 带电设备   D. 避雷线

答案：A（变电《安规》5.2.2）

【多选题】雷雨天气，需要巡视室外高压设备时，应穿绝缘靴，并不准靠近（　　）。

A. 互感器   B. 避雷器   C. 避雷针   D. 设备构架

答案：BC（变电《安规》5.2.2）

【填空题】雷雨天气，需要巡视室外高压设备时，应穿_____，并不准靠近避雷器和避雷针。

答案：绝缘靴（变电《安规》5.2.2）

5.2.3 地震、台风、洪水、泥石流等灾害发生时，禁止巡视灾害现场。灾害发生后，如需要对设备进行巡视时，应制定必要的安全措施，得到设备运维管理单位批准，并至少两人一组，巡视人员应与派出部门之间保持通信联络。

【单选题】地震、台风、洪水、泥石流等灾害发生时，禁止巡视灾害现场。灾害发生后，如需要对设备进行巡视时，应制定必要的安全措施，得到设备运维管理单位批准，并至少两人一组，巡视人员应与（ ）之间保持通信联络。

A. 分管领导 B. 调控人员 C. 派出部门 D. 运维单位

答案：C（变电《安规》5.2.3）

【单选题】地震、台风、洪水、泥石流等灾害发生时，禁止巡视灾害现场。灾害发生后，如需要对设备进行巡视时，应制定必要的安全措施，得到设备运维管理单位批准，并至少（ ）一组，巡视人员应与派出部门之间保持通信联络。

A. 一人   B. 两人   C. 三人   D. 四人

答案：B（变电《安规》5.2.3）

【填空题】地震、台风、洪水、泥石流等灾害发生后，如需要对设备进行巡视时，应制定必要的安全措施，得到设备运维管理单位批准，并至少两人一组，巡视人员应与_____之间保持通信联络。

答案：派出部门（变电《安规》5.2.3）

【简答题】地震、台风、洪水、泥石流等灾害发生后，如需要对设备进行巡视时，变电《安规》对此有何要求？

答案：① 应制定必要的安全措施；② 得到设备运维管理单位批准；③ 至少两人一组；④ 巡视人员应与派出部门之间保持通信联络。

（变电《安规》5.2.3）

5.2.4 高压设备发生接地时，室内人员应距离故障点 4m 以外，室外人员应距离故障点 8m 以外。进入上述范围人员应穿绝缘靴，接触设备的外壳和构架时，应戴绝缘手套。

【单选题】高压设备发生接地时，室内人员不准接近故障点 4m 以内。室外人员应距离故障点 8m 以外。进入上述范围人员应穿（　　），接触设备的外壳和构架时，应戴绝缘手套。

A. 雨鞋　　　　B. 橡胶鞋　　　C. 绝缘靴　　　D. 皮鞋

答案：C（变电《安规》5.2.4）

【单选题】高压设备发生接地时，室内人员、室外人员分别应距离故障点（　　）m 以外。

A. 1、2　　　　B. 2、4　　　C. 3、6　　　D. 4、8

答案：D（变电《安规》5.2.4）

【判断题】高压设备发生接地时，室外人员应距离故障点 4m 以外。

答案：错误（变电《安规》5.2.4）

5.2.5 巡视室内设备，应随手关门。

【判断题】巡视室内设备，应随手关门。

答案：正确（变电《安规》5.2.5）

5.2.6 高压室的钥匙至少应有 3 把，由运维人员负责保管，按值移交。1 把专供紧急时使用，1 把专供运维人员使用，其他可以借给经批准的巡视高压设备人员和经批准的检修、施工队伍的工作负责人使用，但应登记签名，巡视或当日工作结束后交还。

【单选题】高压室的钥匙至少应有（　　）把，由运维人员负责保管，按值移交。

A. 1　　　　B. 2　　　C. 3　　　D. 4

答案：C（变电《安规》5.2.6）

【判断题】高压室的钥匙至少应有 2 把，由运维人员负责保管，按值移交。

答案：错误（变电《安规》5.2.6）

5.3 倒闸操作。

5.3.1 倒闸操作应根据值班调控人员或运维负责人的指令，受令人复诵无误后执行。发布指令应准确、清晰，使用规范的调度术语和设备双重名称。发令人和受令人应先互报单位和姓名，发布指令的全过程（包括对方复诵指令）和听取指令的报告时应录音并做好记录。操作人员（包括监护人）应了解操作目的和操作顺序。对指令有疑问时应向发令人询问清楚无误后执行。发令人、受令人、操作人员（包括监护人）均应具备相应资质。

【单选题】倒闸操作应根据（　　　）或运维负责人的指令，受令人复诵无误后执行。

A. 技术员　　　　　　　　B. 工区领导

C. 值班调控人员　　　　　D. 班站长

答案：C（变电《安规》5.3.1）

【单选题】电气设备倒闸操作时，发布指令应准确、清晰，使用规范的调度术语和（　　　）。

A. 设备编号　　　　　　　B. 设备双重名称

C. 设备名称　　　　　　　D. 设备标识

答案：B（变电《安规》5.3.1）

【单选题】电气设备倒闸操作时，对指令有疑问时应向（　　　）询问清楚无误后执行。

A. 监护人　　　B. 发令人　　　C. 受令人　　　D. 操作人

答案：B（变电《安规》5.3.1）

【填空题】倒闸操作应根据值班调控人员或运维负责人的指令，受令人_____后执行。

答案：复诵无误（变电《安规》5.3.1）

5.3.2 倒闸操作可以通过就地操作、遥控操作、程序操作完成。遥控操作、程序操作的设备应满足有关技术条件。

【多选题】倒闸操作可以通过（　　　）完成。

A. 就地操作　　B. 模拟操作　　C. 遥控操作　　D. 程序操作

答案：ACD（变电《安规》5.3.2）

5.3.3 倒闸操作的分类。

【单选题】倒闸操作分为（　　　　）、单人操作、检修人员操作。

A. 遥控操作　B. 程序操作　C. 现地操作　D. 监护操作

答案：D（变电《安规》5.3.3）

5.3.3.1 监护操作：有人监护的操作。

监护操作时，其中一人对设备较为熟悉者作监护。特别重要和复杂的倒闸操作，由熟练的运维人员操作，运维负责人监护。

【判断题】监护操作时，其中一人对设备较为熟悉者作监护。特别重要和复杂的倒闸操作，由监护人操作，运维负责人监护。

答案：错误（变电《安规》5.3.3.1）

5.3.3.2 单人操作：由一人完成的操作。

　　a）　单人值班的变电站或发电厂升压站操作时，运维人员根据发令人用电话传达的操作指令填用操作票，复诵无误。

　　b）　若有可靠的确认和自动记录手段，调控人员可实行单人操作。

　　c）　实行单人操作的设备、项目及人员需经设备运维管理单位或调度控制中心批准，人员应通过专项考核。

【多选题】倒闸操作符合下列（　　　　）条件，可由单人操作。

A. 单人值班的变电站或发电厂升压站操作时，运维人员根据发令人用电话传达的操作指令填用操作票，复诵无误

B. 若有可靠的确认和自动记录手段，调控人员可实行单人操作

C. 实行单人操作的设备、项目及人员需经设备运维管理单位或调度控制中心批准

D. 实行单人操作的人员应通过专项考核

答案：ABCD（变电《安规》5.3.3.2）

【判断题】单人值班的变电站或发电厂升压站操作时，运维人员应根据发令人用电话传达的操作指令进行，可不用操作票。

答案：错误（变电《安规》5.3.3.2）

5.3.4 操作票。

5.3.4.1 倒闸操作由操作人员填用操作票（见附录 A）。

【单选题】倒闸操作由（　　　）填用操作票。

A. 负责人　　　B. 操作人员　　C. 监护人　　　D. 班站长

答案：B（变电《安规》5.3.4.1）

【判断题】倒闸操作由监护人员填用操作票。

答案：错误（变电《安规》5.3.4.1）

【填空题】倒闸操作由_____人员填用操作票。

答案：操作（变电《安规》5.3.4.1）

5.3.4.2 操作票应用黑色或蓝色的钢（水）笔或圆珠笔逐项填写。用计算机开出的操作票应与手写票面统一；操作票票面应清楚整洁，不得任意涂改。操作票应填写设备的双重名称。操作人和监护人应根据模拟图或接线图核对所填写的操作项目，并分别手工或电子签名，然后经运维负责人（检修人员操作时由工作负责人）审核签名。

每张操作票只能填写一个操作任务。

【单选题】检修人员操作时，操作票应由（　　　）审核签名，然后才能使用。

A. 运维负责人　　　　　　B. 工作负责人

C. 班站长　　　　　　　　D. 技术员

答案：B（变电《安规》5.3.4.2）

【单选题】每张操作票只能填写（　　　）个操作任务。

A. 一　　　　　B. 二　　　　　C. 三　　　　　D. 四

答案：A（变电《安规》5.3.4.2）

【填空题】每张操作票只能填写_____个操作任务。

答案：一（变电《安规》5.3.4.2）

5.3.4.3 下列项目应填入操作票内：

a）应拉合的设备［断路器（开关）、隔离开关（刀闸）、接地刀闸（装置）等］，验电，装拆接地线，合上（安装）

或断开（拆除）控制回路或电压互感器回路的空气开关、熔断器，切换保护回路和自动化装置及检验是否确无电压等。

b) 拉合设备［断路器（开关）、隔离开关（刀闸）、接地刀闸（装置）等］后检查设备的位置。

c) 进行停、送电操作时，在拉合隔离开关（刀闸）或拉出、推入手车式开关前，检查断路器（开关）确在分闸位置。

d) 在进行倒负荷或解、并列操作前后，检查相关电源运行及负荷分配情况。

e) 设备检修后合闸送电前，检查送电范围内接地刀闸（装置）已拉开，接地线已拆除。

f) 高压直流输电系统启停、功率变化及状态转换、控制方式改变、主控站转换，控制、保护系统投退，换流变压器冷却器切换及分接头手动调节。

g) 阀冷却、阀厅消防和空调系统的投退、方式变化等操作。

h) 直流输电控制系统对断路器（开关）进行的锁定操作。

【多选题】下列项目应填入操作票内的是（　　　　）。

A. 应拉合的设备［断路器（开关）、隔离开关（刀闸）、接地刀闸（装置）等］，验电，装拆接地线，合上（安装）或断开（拆除）控制回路或电压互感器回路的空气开关、熔断器，切换保护回路和自动化装置及检验是否确无电压

B. 拉合设备［断路器（开关）、隔离开关（刀闸）、接地刀闸（装置）等］后检查设备的位置

C. 进行停、送电操作时，在拉合隔离开关（刀闸）或拉出、推入手车式开关前，检查断路器（开关）确在分闸位置

D. 在进行倒负荷或解、并列操作前后，检查相关电源运行及负荷分配情况

答案：ABCD（变电《安规》5.3.4.3）

【问答题】哪些操作项目应填入倒闸操作票内？

答案：① 应拉合的设备［断路器（开关）、隔离开关（刀闸）、接地刀闸（装置）等］，验电，装拆接地线，合上（安装）或断开（拆除）控制回路或电压互感器回路的空气开关、熔断器，切换保护回路和自动化装置及检验是否确无电压等；② 拉合设备［断路器（开关）、隔离开关（刀闸）、接地刀闸（装置）等］后检查设备的位置；③ 进行停、送电操作时，在拉合隔离开关（刀闸）或拉出、推入手车式开关前，检查断路器（开关）确在分闸位置；④ 在进行倒负荷或解、并列操作前后，检查相关电源运行及负荷分配情况；⑤ 设备检修后合闸送电前，检查送电范围内接地刀闸（装置）已拉开，接地线已拆除。

（变电《安规》5.3.4.3）

5.3.5 倒闸操作的基本条件。

5.3.5.2 操作设备应具有明显的标志，包括命名、编号、分合指示，旋转方向、切换位置的指示及设备相色等。

【单选题】操作的电气设备应具有明显的标志，包括（　　）、分合指示，旋转方向、切换位置的指示及设备相色等。

A. 命名、编号　　　　　　B. 名称

C. 类型　　　　　　　　　D. 编号

答案：A（变电《安规》5.3.5.2）

【多选题】操作的电气设备应具有明显的标志，包括（　　）及设备相色等。

A. 命名、编号　　　　　　B. 切换位置的指示

C. 分合指示　　　　　　　D. 旋转方向的指示

答案：ABCD（变电《安规》5.3.5.2）

【填空题】操作设备应具有明显的_____，包括命名、编号、分合指示，旋转方向、切换位置的指示及设备相色等。

答案：标志（变电《安规》5.3.5.2）

5.3.5.3 高压电气设备都应安装完善的防误操作闭锁装置。防误

操作闭锁装置不得随意退出运行，停用防误操作闭锁装置应经设备运维管理单位批准；短时间退出防误操作闭锁装置时，应经变电运维班（站）长或发电厂当班值长批准，并应按程序尽快投入。

【单选题】防误操作闭锁装置不得随意退出运行，停用防误操作闭锁装置应经设备运维管理单位批准；短时间退出防误操作闭锁装置时，应经变电运维班（站）长或（　　　）批准，并应按程序尽快投入。

A. 调控人员　　　　　　　　B. 发电厂当班值长

C. 运维负责人　　　　　　　D. 工作负责人

答案：B（变电《安规》5.3.5.3）

5.3.5.4 倒闸操作应有值班调控人员、运维负责人正式发布的指令，并使用经事先审核合格的操作票。

【单选题】倒闸操作应有值班调控人员、运维负责人正式发布的指令，并使用经事先审核合格的（　　　）。

A. 工作票　　　　　　　　　B. 动火工作票

C. 操作票　　　　　　　　　D. 工作任务单

答案：C（变电《安规》5.3.5.3）

5.3.5.5 下列三种情况应加挂机械锁：

a) 未装防误操作闭锁装置或闭锁装置失灵的刀闸手柄、阀厅大门和网门。

b) 当电气设备处于冷备用时，网门闭锁失去作用时的有电间隔网门。

c) 设备检修时，回路中的各来电侧刀闸操作手柄和电动操作刀闸机构箱的箱门。

机械锁要 1 把钥匙开 1 把锁，钥匙要编号并妥善保管。

【单选题】设备检修时，回路中的各来电侧刀闸操作手柄和电动操作刀闸机构箱的箱门应（　　　）。

A. 加挂机械锁　　　　　　　B. 可靠封闭

C. 专人检查　　　　　　　　D. 隔离

答案：A（变电《安规》5.3.5.5）

【多选题】（　　　）应加挂机械锁。

A. 未装防误操作闭锁装置或闭锁装置失灵的刀闸手柄、阀厅大门和网门

B. 当电气设备处于冷备用时，网门闭锁失去作用时的有电间隔网门

C. 设备检修时，回路中的各来电侧刀闸操作手柄和电动操作刀闸机构箱的箱门

D. 当电气设备处于热备用时，网门闭锁失去作用时的有电间隔网门

答案：ABC（变电《安规》5.3.5.5）

【判断题】当电气设备处于冷备用时，网门闭锁失去作用时的有电间隔网门要加挂机械锁。

答案：正确（变电《安规》5.3.5.5）

5.3.6 倒闸操作的基本要求。

5.3.6.1 停电拉闸操作应按照断路器（开关）—负荷侧隔离开关（刀闸）—电源侧隔离开关（刀闸）的顺序依次进行，送电合闸操作应按与上述相反的顺序进行。禁止带负荷拉合隔离开关（刀闸）。

【单选题】送电合闸操作应按照（　　　）的顺序依次进行。

A. 断路器（开关）—电源侧隔离开关（刀闸）—负荷侧隔离开关（刀闸）

B. 断路器（开关）—负荷侧隔离开关（刀闸）—电源侧隔离开关（刀闸）

C. 负荷侧隔离开关（刀闸）—电源侧隔离开关（刀闸）—断路器（开关）

D. 电源侧隔离开关（刀闸）—负荷侧隔离开关（刀闸）—断路器（开关）

答案：D（变电《安规》5.3.6.1）

5.3.6.2 现场开始操作前，应先在模拟图（或微机防误装置、微

机监控装置）上进行核对性模拟预演，无误后，再进行操作。操作前应先核对系统方式、设备名称、编号和位置，操作中应认真执行监护复诵制度（单人操作时也应高声唱票），宜全过程录音。操作过程中应按操作票填写的顺序逐项操作。每操作完一步，应检查无误后作一个"√"记号，全部操作完毕后进行复查。

【单选题】倒闸操作前应先核对系统方式、设备名称、编号和位置，操作中应认真执行（　　　）制度，宜全过程录音。

A. 操作票　　B. 工作票　　C. 监护复诵　　D. 监护

答案：C（变电《安规》5.3.6.2）

【多选题】倒闸操作前应先核对（　　　），操作中应认真执行监护复诵制度（单人操作时也应高声唱票），宜全过程录音。

A. 系统方式　B. 设备名称　C. 编号　　　D. 位置

答案：ABCD（变电《安规》5.3.6.2）

5.3.6.3　监护操作时，操作人在操作过程中不准有任何未经监护人同意的操作行为。

【判断题】监护操作时，操作人在操作过程中不准有任何未经监护人同意的操作行为。

答案：正确（变电《安规》5.3.6.3）

5.3.6.4　远方操作一次设备前，宜对现场发出提示信号，提醒现场人员远离操作设备。

【填空题】远方操作一次设备前，宜对现场发出＿＿＿＿，提醒现场人员远离操作设备。

答案：提示信号（变电《安规》5.3.6.4）

5.3.6.5　操作中发生疑问时，应立即停止操作并向发令人报告。待发令人再行许可后，方可进行操作。不准擅自更改操作票，不准随意解除闭锁装置。解锁工具（钥匙）应封存保管，所有操作人员和检修人员禁止擅自使用解锁工具（钥匙）。若遇特殊情况需解锁操作，应经运维管理部门防误操作装置专责人或运维管理部门指定并经书面公布的人员到现场核实无误并签字后，由运维人员告知当值调控人员，方能使用解锁工具（钥匙）。单人操作、检修人员在倒闸操作过程中禁止解锁。如需解锁，应待增派运维人员到现场，履行上述手续后处理。解锁工具（钥匙）使用后应及时封存并做好记录。

【单选题】单人操作、检修人员在倒闸操作过程中（　　）解除闭锁装置。

A. 可以　　　　　　　　　B. 禁止

C. 在有人监护情况下　　　D. 运维负责人同意后

答案：B（变电《安规》5.3.6.5）

【单选题】操作中发生疑问时，应立即停止操作并向（　　）报告。待其再行许可后，方可进行操作。

A. 负责人　　　　　　　　B. 监护人

C. 防误专责人　　　　　　D. 发令人

答案：D（变电《安规》5.3.6.5）

【单选题】若遇特殊情况需解锁操作，应经运维管理部门防误操作装置专责人或（　　）的人员到现场核实并签字后，由运维人员告知当值调控人员，方能使用解锁工具（钥匙）。

A. 运维管理部门指定

B. 调度控制中心指定

C. 调度控制中心指定并经书面公布

D. 运维管理部门指定并经书面公布

答案：D（变电《安规》5.3.6.5）

【多选题】若遇特殊情况需解锁操作，应经（　　）或（　　）到现场核实无误并签字后，由运维人员告知当值调控人员，方能使用解锁工具（钥匙）。

A. 运维管理部门防误操作装置专责人

B. 调度控制中心指定人员

C. 调度控制中心指定并经书面公布的人员

D. 运维管理部门指定并经书面公布的人员

答案：AD（变电《安规》5.3.6.5）

【简答题】倒闸操作过程中如果发生疑问，应该怎样做？

答案：应立即停止操作并向发令人报告。待发令人再行许可后，方可进行操作。不准擅自更改操作票，不准随意解除闭锁装置。

（变电《安规》5.3.6.5）

5.3.6.6 电气设备操作后的位置检查应以设备各相实际位置为准，无法看到实际位置时，应通过间接方法，如设备机械位置指示、电气指示、带电显示装置、仪表及各种遥测、遥信等信号的变化来判断。判断时，至少应有两个非同样原理或非同源的指示发生对应变化，且所有这些确定的指示均已同时发生对应变化，方可确认该设备已操作到位。以上检查项目应填写在操作票中作为检查项。检查中若发现其他任何信号有异常，均应停止操作，查明原因。若进行遥控操作，可采用上述的间接方法或其他可靠的方法判断设备位置。

【多选题】电气设备操作后的位置检查应以设备各相实际位置为准，无法看到实际位置时，应通过间接方法，如设备（　　）等信号的变化来判断。

A. 机械位置指示　　　　　　B. 电气指示
C. 带电显示装置　　　　　　D. 仪表及各种遥测、遥信

答案：ABCD（变电《安规》5.3.6.6）

【判断题】电气设备操作后的位置检查应以设备各相实际位置为准，无法看到实际位置时，应通过间接方法，如设备机械位置指示、电气指示、带电显示装置、仪表及各种遥测、遥信等信号的变化来判断。

答案：正确（变电《安规》5.3.6.6）

5.3.6.9 用绝缘棒拉合隔离开关（刀闸）、高压熔断器或经传动机构拉合断路器（开关）和隔离开关（刀闸），均应戴绝缘手套。雨天操作室外高压设备时，绝缘棒应有防雨罩，还应穿绝缘靴。接

地网电阻不符合要求的，晴天也应穿绝缘靴。雷电时，禁止就地倒闸操作。

【单选题】倒闸操作时，雨天操作室外高压设备，绝缘棒应有防雨罩，还应穿（　　　）。

A. 绝缘靴　　　B. 雨鞋　　　　C. 雨衣　　　　D. 绝缘鞋

答案：A（变电《安规》5.3.6.9）

【单选题】雷电时，（　　　）就地倒闸操作。

A. 禁止

B. 紧急情况下才可以

C. 运维负责人同意后可以

D. 在有监护人情况下

答案：A（变电《安规》5.3.6.9）

【多选题】倒闸操作时，（　　　），均应戴绝缘手套。

A. 经传动机构拉合断路器（开关）

B. 经传动机构拉合隔离开关（刀闸）

C. 用绝缘棒拉合高压熔断器

D. 用绝缘棒拉合隔离开关（刀闸）

答案：ABCD（变电《安规》5.3.6.9）

【填空题】用绝缘棒拉合隔离开关（刀闸）、高压熔断器或经传动机构拉合断路器（开关）和隔离开关（刀闸），均应戴_____。

答案：绝缘手套（变电《安规》5.3.6.9）

5.3.6.10　装卸高压熔断器，应戴护目眼镜和绝缘手套，必要时使用绝缘夹钳，并站在绝缘垫或绝缘台上。

【单选题】装卸高压熔断器，应戴（　　　）。

A. 护目眼镜和绝缘手套　　　B. 安全帽

C. 普通手套　　　　　　　　D. 护目眼镜

答案：A（变电《安规》5.3.6.10）

【多选题】装卸高压熔断器，应（　　　）。

A. 系安全带　　　　　　　B. 戴护目眼镜

C. 戴线手套　　　　　　　　D. 戴绝缘手套

答案：BD（变电《安规》5.3.6.10）

【判断题】装卸高压熔断器，应戴护目眼镜和绝缘手套，必要时使用绝缘夹钳，并站在绝缘垫或绝缘台上。

答案：正确（变电《安规》5.3.6.10）

【填空题】装卸高压熔断器，应戴_____和绝缘手套，必要时使用绝缘夹钳，并站在绝缘垫或绝缘台上。

答案：护目眼镜（变电《安规》5.3.6.10）

5.3.6.11 断路器（开关）遮断容量应满足电网要求。如遮断容量不够，应用墙或金属板将操动机构（操作机构）与该断路器（开关）隔开，应进行远方操作，重合闸装置应停用。

【单选题】断路器（开关）遮断容量应满足电网要求。如遮断容量不够，应用墙或金属板将操动机构（操作机构）与该断路器（开关）隔开，应进行（　　　）操作，重合闸装置应停用。

A. 现地　　　B. 远方　　　C. 程序　　　D. 遥控

答案：B（变电《安规》5.3.6.11）

【填空题】如果断路器遮断容量不够，应用墙或金属板将操动机构（操作机构）与该断路器（开关）隔开，应进行远方操作，_____应停用。

答案：重合闸装置（变电《安规》5.3.6.11）

5.3.6.12 电气设备停电后（包括事故停电），在未拉开有关隔离开关（刀闸）和做好安全措施前，不得触及设备或进入遮栏，以防突然来电。

【多选题】电气设备停电后（包括事故停电），在未（　　　）前，不得触及设备或进入遮栏，以防突然来电。

A. 拉开有关隔离开关（刀闸）

B. 经运维值班负责人同意

C. 做好安全措施

D. 经工作负责人同意

答案：AC（变电《安规》5.3.6.12）

5.3.6.13 单人操作时不得进行登高或登杆操作。

【单选题】单人操作时（　　　）进行登高或登杆操作。

A. 不得　　　　　　　　　B. 可以

C. 做好安全措施后可以　　D. 经运维负责人同意后可以

答案：A（变电《安规》5.3.6.13）

【填空题】单人操作时不得进行_____或登杆操作。

答案：登高（变电《安规》5.3.6.13）

5.3.6.14 在发生人身触电事故时，可以不经许可，即行断开有关设备的电源，但事后应立即报告调度控制中心（或设备运维管理单位）和上级部门。

【填空题】在发生人身触电事故时，可以不经许可，即行断开有关设备的_____，但事后应立即报告调度控制中心（或设备运维管理单位）和上级部门。

答案：电源（变电《安规》5.3.6.14）

5.3.6.19 交流滤波器（并联电容器）退出运行后再次投入运行前，应满足电容器放电时间要求。

【单选题】交流滤波器（并联电容器）退出运行后再次投入运行前，应满足（　　　）要求。

A. 电容器充电时间　　　　B. 电容器输送功率

C. 电容器放电时间　　　　D. 电容器充放电时间

答案：C（变电《安规》5.3.6.19）

5.3.7 下列各项工作可以不用操作票：

a）　事故紧急处理。

b）　拉合断路器（开关）的单一操作。

c）　程序操作。

上述操作在完成后应做好记录，事故紧急处理应保存原始记录。

【多选题】（　　　）可以不用操作票。

A. 事故紧急处理

B. 拉合断路器（开关）的单一操作

C. 程序操作

D. 遥控操作

答案：ABC（变电《安规》5.3.7）

【判断题】程序操作必须使用操作票。

答案：错误（变电《安规》5.3.7）

5.3.8 同一变电站的操作票应事先连续编号，计算机生成的操作票应在正式出票前连续编号，操作票按编号顺序使用。作废的操作票，应注明"作废"字样，未执行的应注明"未执行"字样，已操作的应注明"已执行"字样。操作票应保存一年。

【单选题】操作票应保存（　　　）。

A. 三个月　　　B. 六个月　　　C. 九个月　　　D. 一年

答案：D（变电《安规》5.3.8）

5.4 高压设备上工作。

5.4.1 在运用中的高压设备上工作，分为三类：

5.4.1.1 全部停电的工作，是指室内高压设备全部停电（包括架空线路与电缆引入线在内），并且通至邻接高压室的门全部闭锁，以及室外高压设备全部停电（包括架空线路与电缆引入线在内）的工作。

【简答题】在运用中的高压设备上工作，什么是全部停电的工作？

答案：是指室内高压设备全部停电（包括架空线路与电缆引入线在内），并且通至邻接高压室的门全部闭锁，以及室外高压设备全部停电（包括架空线路与电缆引入线在内）的工作。

（变电《安规》5.4.1.1）

5.4.1.2 部分停电的工作，是指高压设备部分停电，或室内虽全部停电，而通至邻接高压室的门并未全部闭锁的工作。

【单选题】部分停电的工作是指高压设备部分停电，或室内虽全部停电，而通至邻接高压室的门（　　）闭锁的工作。

A. 全部　　　B. 并未全部　C. 必须　　　D. 完全

答案：B（变电《安规》5.4.1.2）

5.4.1.3 不停电工作是指：

a）工作本身不需要停电并且不可能触及导电部分的工作。

b）可在带电设备外壳上或导电部分上进行的工作。

【多选题】不停电的工作是指（　　）。

A. 工作本身不需要停电的工作

B. 工作本身不需要停电并且不可能触及导电部分的工作

C. 可在带电设备外壳上进行的工作

D. 可在设备导电部分上进行的工作

答案：BCD（变电《安规》5.4.1.3）

【多选题】在运用中的高压设备上工作，分为（　　）。

A. 计划停电的工作　　　　B. 部分停电的工作

C. 不停电的工作　　　　　D. 全部停电的工作

答案：BCD（变电《安规》5.4.1）

5.4.2 在高压设备上工作，应至少由两人进行，并完成保证安全的组织措施和技术措施。

【单选题】在高压电气设备上工作，应至少由（　　）人进行，并完成保证安全的组织措施和技术措施。

A. 一　　　B. 两　　　C. 三　　　D. 四

答案：B（变电《安规》5.4.2）

【单选题】在高压设备上工作，应至少由两人进行，并完成保证安全的（　　）。

A. 技术措施和应急措施　　B. 组织措施和现场措施

C. 组织措施和技术措施　　D. 应急措施和现场措施

答案：C（变电《安规》5.4.2）

【判断题】在高压设备上工作，可单人进行，但需完成保证安全的组织措施和技术措施。

答案：错误（变电《安规》5.4.2）

【填空题】在高压设备上工作，应至少由＿＿＿＿进行，并完成保证安全的组织措施和技术措施。

答案：两人（变电《安规》5.4.2）

6 保证安全的组织措施

6.1 在电气设备上工作，保证安全的组织措施。

a) 现场勘察制度。

b) 工作票制度。

c) 工作许可制度。

d) 工作监护制度。

e) 工作间断、转移和终结制度。

【单选题】在电气设备上工作，工作间断、转移和终结制度是保证安全的（   ）。

A. 必要措施 B. 基本措施 C. 技术措施 D. 组织措施

答案：D（变电《安规》6.1）

【单选题】在电气设备上工作，保证安全的组织措施包括：（   ）；工作票制度；工作许可制度；工作监护制度；工作间断、转移和终结制度。

A. 动火工作票制度   B. 现场勘察制度

C. 地质勘察制度   D. 现场检查制度

答案：B（变电《安规》6.1）

【多选题】在电气设备上工作，保证安全的组织措施包括（   ）。

A. 现场勘察制度

B. 工作票制度、工作许可制度

C. 工作间断、转移和终结制度

D. 工作监护制度

答案：ABCD（变电《安规》6.1）

【简答题】在电气设备上工作，保证安全的组织措施有哪些？

答案：① 现场勘察制度；② 工作票制度；③ 工作许可制度；

④ 工作监护制度；⑤ 工作间断、转移和终结制度。

（变电《安规》6.1）

6.2 现场勘察制度。

变电检修（施工）作业，工作票签发人或工作负责人认为有必要现场勘察的，检修（施工）单位应根据工作任务组织现场勘察，并填写现场勘察记录。现场勘察由工作票签发人或工作负责人组织。

【单选题】变电检修（施工）作业，工作票签发人或工作负责人认为有必要现场勘察的，检修（施工）单位应根据工作任务组织现场勘察，并填写现场勘察记录。现场勘察工作应由（　　）组织。

A. 工作票签发人或工作负责人

B. 工作票签发人或工作许可人

C. 工作许可人或工作负责人

D. 工作票签发人或专责监护人

答案：A（变电《安规》6.2）

6.3 工作票制度。

6.3.2 填用第一种工作票的工作为：

a) 高压设备上工作需要全部停电或部分停电者。

b) 二次系统和照明等回路上的工作，需要将高压设备停电者或做安全措施者。

c) 高压电力电缆需停电的工作。

d) 换流变压器、直流场设备及阀厅设备需要将高压直流系统或直流滤波器停用者。

e) 直流保护装置、通道和控制系统的工作，需要将高压直流系统停用者。

f) 换流阀冷却系统、阀厅空调系统、火灾报警系统及图像监视系统等工作，需要将高压直流系统停用者。

g) 其他工作需要将高压设备停电或要做安全措施者。

【单选题】高压设备上工作需要全部停电或部分停电者应填用（　　）工作票。

A. 第一种　　　　　　　　B. 第二种

C. 事故紧急抢修单　　　　D. 带电作业

答案：A（变电《安规》6.3.2）

【单选题】高压电力电缆需停电的工作应填用（　　）工作票。

A. 第一种　　　　　　　　B. 第二种

C. 事故紧急抢修单　　　　D. 带电作业

答案：A（变电《安规》6.3.2）

【单选题】二次系统和照明等回路上的工作，需要将高压设备停电者或做安全措施者应填用（　　）工作票。

A. 第二种　　　　　　　　B. 带电作业

C. 第一种　　　　　　　　D. 二次工作安全措施

答案：C（变电《安规》6.3.2）

【多选题】填用第一种工作票的工作有（　　）。

A. 二次系统和照明等回路上的工作，需要将高压设备停电者或做安全措施者

B. 高压电力电缆需停电的工作

C. 直流保护装置、通道和控制系统的工作，需要将高压直流系统停用者

D. 高压设备上工作需要全部停电或部分停电者

答案：ABCD（变电《安规》6.3.2）

【填空题】二次系统和照明等回路上的工作，需要将高压设备停电者或做安全措施者应填用_____工作票。

答案：第一种（变电《安规》6.3.2）

6.3.3　填用第二种工作票的工作为：

a）　控制盘和低压配电盘、配电箱、电源干线上的工作。

b）　二次系统和照明等回路上的工作，无需将高压设备停电

者或做安全措施者。

c) 转动中的发电机、同期调相机的励磁回路或高压电动机转子电阻回路上的工作。

d) 非运维人员用绝缘棒、核相器和电压互感器定相或用钳型电流表测量高压回路的电流。

e) 大于表1距离的相关场所和带电设备外壳上的工作以及无可能触及带电设备导电部分的工作。

f) 高压电力电缆不需停电的工作。

g) 换流变压器、直流场设备及阀厅设备上工作，无需将直流单、双极或直流滤波器停用者。

h) 直流保护控制系统的工作，无需将高压直流系统停用者。

i) 换流阀水冷系统、阀厅空调系统、火灾报警系统及图像监视系统等工作，无需将高压直流系统停用者。

【单选题】控制盘和低压配电盘、配电箱、电源干线上的工作，应填用（　　）工作票。

A. 第一种　　　　　　　　B. 第二种

C. 带电作业　　　　　　　D. 电力电缆第二种

答案：B（变电《安规》6.3.3）

【单选题】二次系统和照明等回路上的工作，无需将高压设备停电者或做安全措施者，应填用（　　）工作票。

A. 第一种　　　　　　　　B. 第二种

C. 带电作业　　　　　　　D. 二次工作安全措施

答案：B（变电《安规》6.3.3）

【单选题】高压电力电缆不需停电的工作，应填用（　　）工作票。

A. 第一种　　　　　　　　B. 第二种

C. 带电作业　　　　　　　D. 电力电缆第一种

答案：B（变电《安规》6.3.3）

【单选题】转动中的发电机、同期调相机的励磁回路或高压电动机转子电阻回路上的工作应填用（　　　）工作票。

A. 第一种　　　　　　　　　B. 带电作业

C. 第二种　　　　　　　　　D. 二次工作安全措施

答案：C（变电《安规》6.3.3）

【单选题】非运维人员用绝缘棒、核相器和电压互感器定相或用钳型电流表测量高压回路的电流的工作，应填用（　　　）工作票。

A. 第一种　　　　　　　　　B. 带电作业

C. 第二种　　　　　　　　　D. 二次工作安全措施

答案：C（变电《安规》6.3.3）

【填空题】转动中的发电机、同期调相机的励磁回路或高压电动机转子电阻回路上的工作应填用_____工作票。

答案：第二种（变电《安规》6.3.3）

6.3.5 填用事故紧急抢修单的工作为：

事故紧急抢修应填用工作票，或使用事故紧急抢修单。

非连续进行的事故修复工作，应使用工作票。

【判断题】非连续进行的事故修复工作，应使用工作票。

答案：正确（变电《安规》6.3.5）

【填空题】事故紧急抢修应填用工作票或使用_____。

答案：事故紧急抢修单（变电《安规》6.3.5）

6.3.7 工作票的填写与签发。

6.3.7.1 工作票应使用黑色或蓝色的钢（水）笔或圆珠笔填写与签发，一式两份，内容应正确、填写应清楚，不得任意涂改。如有个别错、漏字需要修改，应使用规范的符号，字迹应清楚。

【单选题】工作票中如有个别错、漏字需要修改，应使用规范的（　　　），字迹应清楚。

A. 符号　　　B. 术语　　　C. 字体　　　D. 标准

答案：A（变电《安规》6.3.7.1）

【判断题】工作票应使用黑色或蓝色的钢（水）笔或圆珠笔

填写与签发，一式两份，内容应正确、填写应清楚，不得任意涂改。

答案：正确（变电《安规》6.3.7.1）

6.3.7.2 用计算机生成或打印的工作票应使用统一的票面格式，由工作票签发人审核无误，手工或电子签名后方可执行。

工作票一份应保存在工作地点，由工作负责人收执；另一份由工作许可人收执，按值移交。工作许可人应将工作票的编号、工作任务、许可及终结时间记入登记簿。

【单选题】工作票一份应保存在工作地点，由工作负责人收执；另一份由（　　）收执，按值移交。

A. 工作许可人　　　　　　B. 工作监护人

C. 操作人　　　　　　　　D. 运维值班负责人同意后

答案：A（变电《安规》6.3.7.2）

【单选题】用计算机生成或打印的工作票应使用统一的票面格式，由（　　）审核无误，手工或电子签名后方可执行。

A. 工作许可人　　　　　　B. 工作负责人

C. 工作票签发人　　　　　D. 专责监护人

答案：C（变电《安规》6.3.7.2）

【多选题】工作许可人应将工作票的（　　）及终结时间记入登记簿。

A. 编号　　　　　　　　　B. 许可时间

C. 工作任务　　　　　　　D. 工作班成员姓名

答案：ABC（变电《安规》6.3.7.2）

6.3.7.3 一张工作票中，工作许可人与工作负责人不得互相兼任。若工作票签发人兼任工作许可人或工作负责人，应具备相应的资质，并履行相应的安全责任。

【单选题】一张第一种工作票中，（　　）不得互相兼任。

A. 工作票签发人与工作许可人

B. 工作许可人与工作负责人

C. 工作票签发人与工作负责人

D. 工作票签发人与工作负责人、工作许可人

答案：B（变电《安规》6.3.7.3）

【填空题】一张工作票中，工作许可人与工作负责人不得

_____。

答案：互相兼任（变电《安规》6.3.7.3）

6.3.7.4 工作票由工作负责人填写，也可以由工作票签发人填写。

【单选题】工作票由工作负责人填写，也可以由（   ）填写。

A. 工作班成员　　　　　　　B. 工作许可人

C. 工作票签发人　　　　　　D. 工作班班长

答案：C（变电《安规》6.3.7.4）

【多选题】工作票可由（   ）填写。

A. 工作负责人　　　　　　　B. 工作许可人

C. 工作票签发人　　　　　　D. 工作班班长

答案：AC（变电《安规》6.3.7.4）

【判断题】工作票由工作负责人填写，也可以由工作票签发人填写。

答案：正确（变电《安规》6.3.7.4）

【填空题】工作票由_____填写，也可以由工作票签发人填写。

答案：工作负责人（变电《安规》6.3.7.4）

6.3.7.5 工作票由设备运维管理单位签发，也可由经设备运维管理单位审核合格且经批准的检修及基建单位签发。检修及基建单位的工作票签发人、工作负责人名单应事先送有关设备运维管理单位、调度控制中心备案。

【单选题】工作票由（   ）签发，也可由经设备运维管理单位审核合格且经批准的检修及基建单位签发。

A. 调控中心　　　　　　　　B. 设备检修单位设备

C. 设备运维管理单位　　　　D. 安监部门

答案：C（变电《安规》6.3.7.5）

【单选题】工作票由设备运维管理单位签发，也可由经设备运维管理单位审核合格且经批准的检修及基建单位签发。检修及基建单位的工作票签发人、工作负责人名单应事先送有关（　　）备案。

A. 设备运维管理单位、调度控制中心

B. 检修单位

C. 运维管理单位

D. 安监部门

答案：A（变电《安规》6.3.7.5）

【多选题】工作票由设备运维管理单位签发，也可由经设备运维管理单位审核合格且经批准的检修及基建单位签发。检修及基建单位的工作票签发人、工作负责人名单应事先送有关（　　）备案。

A. 设备运维管理单位　　　　B. 检修单位

C. 安监部门　　　　　　　　D. 调度控制中心

答案：AD（变电《安规》6.3.7.5）

【多选题】工作票可由（　　）签发。

A. 经设备运维管理单位审核合格且经批准的检修单位

B. 设备运维管理单位

C. 电力调度控制中心

D. 经设备运维管理单位审核合格且经批准的基建单位

答案：ABD（变电《安规》6.3.7.5）

6.3.7.6　承发包工程中，工作票可实行"双签发"形式。签发工作票时，双方工作票签发人在工作票上分别签名，各自承担本部分工作票签发人相应的安全责任。

【判断题】承发包工程中，工作票可实行"双签发"形式。

答案：正确（变电《安规》6.3.7.6）

【填空题】承发包工程中，工作票可实行"＿＿＿＿"形式。

答案：双签发（变电《安规》6.3.7.6）

6.3.7.7 第一种工作票所列工作地点超过两个，或有两个及以上不同的工作单位（班组）在一起工作时，可采用总工作票和分工作票。总、分工作票应由同一个工作票签发人签发。总工作票上所列的安全措施应包括所有分工作票上所列的安全措施。几个班同时进行工作时，总工作票的工作班成员栏内，只填明各分工作票的负责人，不必填写全部工作班人员姓名。分工作票上要填写工作班人员姓名。

总、分工作票在格式上与第一种工作票一致。

分工作票应一式两份，由总工作票负责人和分工作票负责人分别收执。分工作票的许可和终结，由分工作票负责人与总工作票负责人办理。分工作票应在总工作票许可后才可许可；总工作票应在所有分工作票终结后才可终结。

【单选题】第一种工作票所列工作地点超过两个，或有两个及以上不同的工作单位（班组）在一起工作时，可采用总工作票和分工作票。总、分工作票应由（　　　　）签发。

A. 值班调控人员和工作票签发人

B. 同一个工作票签发人

C. 工作票签发人和工作负责人

D. 不同的工作票签发人

答案：B（变电《安规》6.3.7.7）

【单选题】第一种工作票的总、分工作票在格式上与（　　　　）工作票一致。

A. 第一种　　B. 第二种　　C. 带电作业　D. 电力电缆

答案：A（变电《安规》6.3.7.7）

【填空题】第一种工作票的总、分工作票在格式上与_____一致。

答案：第一种工作票（变电《安规》6.3.7.7）

6.3.8.1 一个工作负责人不能同时执行多张工作票，工作票上所列的工作地点，以一个电气连接部分为限。

a) 所谓一个电气连接部分是指：电气装置中，可以用隔离开关（刀闸）同其他电气装置分开的部分。

b) 直流双极停用，换流变压器及所有高压直流设备均可视为一个电气连接部分。

c) 直流单极运行，停用极的换流变压器、阀厅、直流场设备、水冷系统可视为一个电气连接部分。双极公共区域为运行设备。

【单选题】在电气设备检修中，一个工作负责人不能同时执行多张工作票，工作票上所列的工作地点，以（   ）为限。

A. 运行设备   B. 规定面积

C. 一个电气连接部分   D. 规定设备

答案：C（变电《安规》6.3.8.1）

【单选题】在电气设备检修中，一个工作负责人（   ）同时执行多张工作票，工作票上所列的工作地点，以一个电气连接部分为限。

A. 在主管领导同意时可以   B. 在工作繁忙时可以

C. 可以   D. 不能

答案：D（变电《安规》6.3.8.1）

6.3.8.2 一张工作票上所列的检修设备应同时停、送电，开工前工作票内的全部安全措施应一次完成。若至预定时间，一部分工作尚未完成，需继续工作而不妨碍送电者，在送电前，应按照送电后现场设备带电情况，办理新的工作票，布置好安全措施后，方可继续工作。

【单选题】一张工作票上所列的检修设备应同时停、送电，开工前工作票内的全部安全措施应一次完成。若至预定时间，一部分工作尚未完成，需继续工作而不妨碍送电者，在送电前，应按照送电后现场设备带电情况，（   ），布置好安全措施后，方可继续工作。

A. 办理新的工作票   B. 办理工作票延期

C. 做好登记手续　　　　　D. 汇报主管领导

答案：A（变电《安规》6.3.8.2）

【填空题】一张工作票上所列的检修设备应同时停、送电，开工前工作票内的全部安全措施应＿＿＿＿完成。

答案：一次（变电《安规》6.3.8.2）

6.3.8.3 若以下设备同时停、送电，可使用同一张工作票：

　　a）属于同一电压等级、位于同一平面场所，工作中不会触及带电导体的几个电气连接部分。

　　b）一台变压器停电检修，其断路器（开关）也配合检修。

　　c）全站停电。

【判断题】全站停电可以不使用工作票。

答案：错误（变电《安规》6.3.8.3）

【判断题】一台变压器停电检修，其断路器（开关）也配合检修，且同时停、送电，可使用同一张工作票。

答案：正确（变电《安规》6.3.8.3）

6.3.8.4 同一变电站内在几个电气连接部分上依次进行不停电的同一类型的工作，可以使用一张第二种工作票。

【判断题】同一变电站内在几个电气连接部分上依次进行不停电的同一类型的工作，可以使用一张第二种工作票。

答案：正确（变电《安规》6.3.8.4）

【填空题】同一变电站内在几个电气连接部分上依次进行不停电的同一类型的工作，可以使用一张＿＿＿＿。

答案：第二种工作票（变电《安规》6.3.8.4）

6.3.8.6 持线路或电缆工作票进入变电站或发电厂升压站进行架空线路、电缆等工作，应增填工作票份数，由变电站或发电厂工作许可人许可，并留存。

　　上述单位的工作票签发人和工作负责人名单应事先送有关运维单位备案。

【单选题】持线路或电缆工作票进入变电站或发电厂升压站

进行架空线路、电缆等工作，应增填工作票份数，由变电站或发电厂（   ）许可，并留存。

A. 工作许可人　　　　　　B. 值班调控人员

C. 施工单位负责人　　　　D. 现场专责监护人

答案：A（变电《安规》6.3.8.6）

6.3.8.7 需要变更工作班成员时，应经工作负责人同意，在对新的作业人员进行安全交底手续后，方可进行工作。非特殊情况不得变更工作负责人，如确需变更工作负责人应由工作票签发人同意并通知工作许可人，工作许可人将变动情况记录在工作票上。工作负责人允许变更一次。原、现工作负责人应对工作任务和安全措施进行交接。

【单选题】需要变更工作班成员时，应经（   ）同意，在对新的作业人员进行安全交底手续后，方可进行工作。

A. 工作许可人　　　　　　B. 工作负责人

C. 工作票签发人　　　　　D. 专责监护人

答案：B（变电《安规》6.3.8.7）

【单选题】非特殊情况不得变更工作负责人，如确需变更工作负责人应由工作票签发人同意并通知（   ）。

A. 调控值班人员　　　　　B. 工作班成员

C. 工作许可人　　　　　　D. 运维负责人

答案：C（变电《安规》6.3.8.7）

【单选题】工作负责人允许变更（   ）次。

A. 一　　　　B. 二　　　　C. 三　　　　D. 四

答案：A（变电《安规》6.3.8.7）

【多选题】关于现场人员变更，下列说法正确的是（   ）。

A. 工作负责人允许变更一次

B. 非特殊情况不得变更工作负责人

C. 变更工作班成员时，应经工作票签发人同意

D. 原、现工作负责人应对工作任务和安全措施进行交接

答案：ABD（变电《安规》6.3.8.7）

6.3.8.8 在原工作票的停电及安全措施范围内增加工作任务时，应由工作负责人征得工作票签发人和工作许可人同意，并在工作票上增填工作项目。若需变更或增设安全措施者应填用新的工作票，并重新履行签发许可手续。

【单选题】在原工作票的停电及安全措施范围内增加工作任务时，应由工作负责人征得工作票签发人和工作许可人同意，并在工作票上增填（   ）。

A. 安全措施　B. 工作地点　C. 工作项目　D. 工作时间

答案：C（变电《安规》6.3.8.8）

【多选题】在原工作票的停电及安全措施范围内增加工作任务时，应由工作负责人征得（   ）同意，并在工作票上增填工作项目。

A. 工作票签发人　　　　　　B. 单位主管领导

C. 工作许可人　　　　　　　D. 值班调控人员

答案：AC（变电《安规》6.3.8.8）

6.3.8.9 变更工作负责人或增加工作任务，如工作票签发人和工作许可人无法当面办理，应通过电话联系，并在工作票登记簿和工作票上注明。

【判断题】变更工作负责人或增加工作任务，如工作票签发人和工作许可人无法当面办理，通过电话联系即可。

答案：错误（变电《安规》6.3.8.9）

【问答题】变电《安规》对变更工作负责人有哪些规定？

答案：非特殊情况不得变更工作负责人，如确需变更工作负责人应由工作票签发人同意并通知工作许可人，工作许可人将变动情况记录在工作票上。工作负责人允许变更一次。原、现工作负责人应对工作任务和安全措施进行交接。变更工作负责人，如工作票签发人和工作许可人无法当面办理，应通过电话联系，并在工作票登记簿和工作票上注明。

（变电《安规》6.3.8.7～6.3.8.9）

6.3.8.10 第一种工作票应在工作前一日送达运维人员，可直接送达或通过传真、局域网传送，但传真传送的工作票许可应待正式工作票到达后履行。临时工作可在工作开始前直接交给工作许可人。

　　第二种工作票和带电作业工作票可在进行工作的当天预先交给工作许可人。

　　【单选题】第二种工作票可在进行工作的（　　）预先交给工作许可人。

　　A. 当天　　　　B. 前一日　　　C. 开工前　　　D. 许可前

　　答案：A（变电《安规》6.3.8.10）

　　【多选题】第一种工作票应在工作前一日预先送达运维人员，可（　　）。但传真传送的工作票许可应待正式工作票到达后履行。

　　A. 直接送达　　　　　　　　B. 通过传真传送

　　C. 通过电话传达　　　　　　D. 通过局域网传送

　　答案：ABD（变电《安规》6.3.8.10）

　　【填空题】第一种工作票应在工作＿＿＿＿＿送达运维人员，可直接送达或通过传真、局域网传送，但传真传送的工作票许可应待正式工作票到达后履行。

　　答案：前一日（变电《安规》6.3.8.10）

6.3.8.11 工作票有破损不能继续使用时，应补填新的工作票，并重新履行签发许可手续。

　　【判断题】工作票有破损不能继续使用时，应补填新的工作票。补填的工作票不需再次履行签发许可手续。

　　答案：错误（变电《安规》6.3.8.11）

6.3.9.1 第一、二种工作票和带电作业工作票的有效时间，以批准的检修期为限。

　　【单选题】第一、二种工作票的有效时间，以（　　）为限。

　　A. 工作完成　　　　　　　B. 批准的检修期

　　C. 工作许可人通知　　　　D. 计划检修期

答案：B（变电《安规》6.3.9.1）

6.3.9.2 第一、二种工作票需办理延期手续，应在工期尚未结束以前由工作负责人向运维负责人提出申请（属于调控中心管辖、许可的检修设备，还应通过值班调控人员批准），由运维负责人通知工作许可人给予办理。第一、二种工作票只能延期一次。带电作业工作票不准延期。

【单选题】第一、二种工作票需办理延期手续，应在工期尚未结束以前由（　　）提出申请。

A. 工作负责人向工作票签发人

B. 工作许可人向运维负责人

C. 工作负责人向运维负责人

D. 工作许可人向工作票签发人

答案：C（变电《安规》6.3.9.2）

【简答题】怎样办理第一、二种工作票延期手续？

答案：在工期尚未结束以前由工作负责人向运维负责人提出申请（属于调控中心管辖、许可的检修设备，还应通过值班调控人员批准），由运维负责人通知工作许可人给予办理。

（变电《安规》6.3.9.2）

6.3.10.1 工作票签发人应是熟悉人员技术水平、熟悉设备情况、熟悉本规程，并具有相关工作经验的生产领导人、技术人员或经本单位批准的人员。工作票签发人员名单应公布。

【多选题】工作票签发人应是（　　）的生产领导人、技术人员或经本单位批准的人员。

A. 熟悉工作班成员的工作能力

B. 熟悉人员技术水平

C. 熟悉设备情况

D. 熟悉《国家电网公司电力安全工作规程》，并具有相关工作经验

答案：BCD（变电《安规》6.3.10.1）

【判断题】工作票的签发人应是熟悉人员技术水平、熟悉设备情况、熟悉《国家电网公司电力安全工作规程》，并具有相关工作经验的生产领导人、技术人员或经本单位批准的人员。

答案：正确（变电《安规》6.3.10.1）

6.3.10.2 工作负责人（监护人）应是具有相关工作经验，熟悉设备情况和本规程，经工区（车间，下同）批准的人员。工作负责人还应熟悉工作班成员的工作能力。

【单选题】工作负责人（监护人）应是具有相关工作经验，熟悉设备情况和变电《安规》，经（ ）批准的人员。

A. 设备运维班组   B. 工区（车间）

C. 本单位主管领导   D. 本单位总工程师

答案：B（变电《安规》6.3.10.2）

6.3.10.4 专责监护人应是具有相关工作经验，熟悉设备情况和本规程的人员。

【简答题】专责监护人应具备哪些基本条件？

答案：① 具有相关工作经验；② 熟悉设备情况和变电《安规》的人员。（变电《安规》6.3.10.4）

6.3.11 工作票所列人员的安全责任。

6.3.11.1 工作票签发人：

a） 确认工作必要性和安全性。

b） 确认工作票上所填安全措施是否正确完备。

c） 确认所派工作负责人和工作班人员是否适当和充足。

【多选题】下面属于工作票签发人的安全责任的是（ ）。

A. 确认工作必要性和安全性

B. 确认工作票上所填安全措施是否正确完备

C. 确认所派工作负责人和工作班人员是否适当和充足

D. 确认工作班成员的工作能力

答案：ABC（变电《安规》6.3.11.1）

6.3.11.2 工作负责人（监护人）：

a) 正确组织工作。

b) 检查工作票所列安全措施是否正确完备，是否符合现场实际条件，必要时予以补充完善。

c) 工作前，对工作班成员进行工作任务、安全措施、技术措施交底和危险点告知，并确认每个工作班成员都已签名。

d) 严格执行工作票所列安全措施。

e) 监督工作班成员遵守本规程，正确使用劳动防护用品和安全工器具以及执行现场安全措施。

f) 关注工作班成员身体状况和精神状态是否出现异常迹象，人员变动是否合适。

【多选题】以下属于工作负责人（监护人）的安全责任是（　　）。

A. 正确组织工作

B. 检查工作票所列安全措施是否正确完备，是否符合现场实际条件，必要时予以补充完善

C. 确认工作的必要性

D. 工作前，对工作班成员进行工作任务、安全措施、技术措施交底和危险点告知，并确认每个工作班成员都已签名

答案：ABD（变电《安规》6.3.11.2）

【问答题】变电《安规》对工作负责人规定的安全责任有哪些？

答案：① 正确组织工作；② 检查工作票所列安全措施是否正确完备，是否符合现场实际条件，必要时予以补充完善；③ 工作前，对工作班成员进行工作任务、安全措施、技术措施交底和危险点告知，并确认每个工作班成员都已签名；④ 严格执行工作票所列安全措施；⑤ 监督工作班成员遵守变电《安规》，正确使用劳动防护用品和安全工器具以及执行现场安全措施；⑥ 关注工作班成员身体状况和精神状态是否出现异常迹象，人员变动是否合适。

（变电《安规》6.3.11.2）

6.3.11.3 工作许可人：

a）负责审查工作票所列安全措施是否正确、完备，是否符合现场条件。

b）工作现场布置的安全措施是否完善，必要时予以补充。

c）负责检查检修设备有无突然来电的危险。

d）对工作票所列内容即使发生很小疑问，也应向工作票签发人询问清楚，必要时应要求作详细补充。

【单选题】工作许可人对工作票所列内容即使发生很小疑问，也应向（　　）询问清楚，必要时应要求作详细补充。

A. 工作负责人　　　　　　　B. 工作票签发人

C. 运维负责人　　　　　　　D. 工区领导

答案：B（变电《安规》6.3.11.3）

【多选题】以下属于工作许可人的安全责任是（　　）。

A. 工作现场布置的安全措施是否完善，必要时予以补充

B. 对工作票所列内容即使发生很小疑问，也应向工作票签发人询问清楚，必要时应要求作详细补充

C. 负责检查检修设备有无突然来电的危险

D. 负责审查工作票所列安全措施是否正确、完备，是否符合现场条件

答案：ABCD（变电《安规》6.3.11.3）

6.3.11.4 专责监护人：

a）确认被监护人员和监护范围。

b）工作前，对被监护人员交待监护范围内的安全措施、告知危险点和安全注意事项。

c）监督被监护人员遵守本规程和现场安全措施，及时纠正被监护人员的不安全行为。

【多选题】以下属于专责监护人的安全责任的是（　　）。

A. 负责检查工作票所列安全措施是否正确完备，是否符合现

场实际条件，必要时予以补充

B. 确认被监护人员和监护范围

C. 工作前，对被监护人员交待监护范围内的安全措施、告知危险点和安全注意事项

D. 监督被监护人员遵守变电《安规》和现场安全措施，及时纠正被监护人员的不安全行为

答案：BCD（变电《安规》6.3.11.4）

6.3.11.5 工作班成员：

a) 熟悉工作内容、工作流程，掌握安全措施，明确工作中的危险点，并在工作票上履行交底签名确认手续。

b) 服从工作负责人（监护人）、专责监护人的指挥，严格遵守本规程和劳动纪律，在确定的作业范围内工作，对自己在工作中的行为负责，互相关心工作安全。

c) 正确使用施工器具、安全工器具和劳动防护用品。

【多选题】以下属于工作班成员的安全责任的是（　　）。

A. 正确使用施工器具、安全工器具和劳动防护用品

B. 熟悉工作内容、工作流程，掌握安全措施，明确工作中的危险点，并在工作票上履行交底签名确认手续

C. 正确组织工作

D. 服从工作负责人（监护人）、专责监护人的指挥，严格遵守变电《安规》和劳动纪律，在确定的作业范围内工作，对自己在工作中的行为负责，互相关心工作安全

答案：ABD（变电《安规》6.3.11.5）

【问答题】变电《安规》对工作班成员规定的安全责任有哪些？

答案：① 熟悉工作内容、工作流程，掌握安全措施，明确工作中的危险点，并在工作票上履行交底签名确认手续；② 服从工作负责人（监护人）、专责监护人的指挥，严格遵守变电《安规》和劳动纪律，在确定的作业范围内工作，对自己在工作中的行为

负责，互相关心工作安全；③ 正确使用施工器具、安全工器具和劳动防护用品。

（变电《安规》6.3.11.5）

6.4 工作许可制度。

6.4.1 工作许可人在完成施工现场的安全措施后，还应完成以下手续，工作班方可开始工作。

6.4.1.1 会同工作负责人到现场再次检查所做的安全措施，对具体的设备指明实际的隔离措施，证明检修设备确无电压。

【单选题】工作许可人在完成施工现场的安全措施后，还应会同（　　）到现场再次检查所做的安全措施，对具体的设备指明实际的隔离措施，证明检修设备确无电压。

A. 工作班成员　　　　　　　B. 专责监护人

C. 工作负责人　　　　　　　D. 工作票签发人

答案：C（变电《安规》6.4.1.1）

6.4.1.2 对工作负责人指明带电设备的位置和注意事项。

6.4.1.3 和工作负责人在工作票上分别确认、签名。

【多选题】工作许可人在完成施工现场的安全措施后，还应完成（　　）手续，工作班方可开始工作。

A. 会同工作负责人到现场再次检查所做的安全措施

B. 对具体的设备指明实际的隔离措施，证明检修设备确无电压

C. 对工作负责人指明带电设备的位置和注意事项

D. 和工作负责人在工作票上分别确认、签名

答案：ABCD（变电《安规》6.4.1）

6.4.2 运维人员不得变更有关检修设备的运行接线方式。工作负责人、工作许可人任何一方不得擅自变更安全措施，工作中如有特殊情况需要变更时，应先取得对方的同意并及时恢复。变更情况及时记录在值班日志内。

【单选题】工作负责人、工作许可人任何一方不得擅自变更

（　　），工作中如有特殊情况需要变更时，应先取得对方的同意并及时恢复。

A. 组织措施　B. 安全措施　C. 技术措施　D. 检修方案

答案：B（变电《安规》6.4.2）

【填空题】工作负责人、工作许可人任何一方不得擅自变更_____，工作中如有特殊情况需要变更时，应先取得对方的同意并及时恢复。

答案：安全措施（变电《安规》6.4.2）

【判断题】运维人员需要变更有关检修设备的运行接线方式时，应征得工作票签发人同意。

答案：错误（变电《安规》6.4.2）

6.4.3 变电站（发电厂）第二种工作票可采取电话许可方式，但应录音，并各自做好记录。采取电话许可的工作票，工作所需安全措施可由工作人员自行布置，工作结束后应汇报工作许可人。

【单选题】变电站（发电厂）第二种工作票可采取电话许可方式，但应录音，并各自做好记录。采取电话许可的工作票，工作所需安全措施可由工作人员自行布置，工作结束后应汇报（　　）。

A. 工作负责人　　　　　　B. 工作签发人

C. 工作许可人　　　　　　D. 监护人

答案：C（变电《安规》6.4.3）

6.5 工作监护制度。

6.5.1 工作许可手续完成后，工作负责人、专责监护人应向工作班成员交待工作内容、人员分工、带电部位和现场安全措施，进行危险点告知，并履行确认手续，工作班方可开始工作。工作负责人、专责监护人应始终在工作现场，对工作班人员的安全认真监护，及时纠正不安全的行为。

【单选题】（　　）应始终在工作现场，对工作班人员的安全认真监护，及时纠正不安全的行为。

A. 工作负责人　　　　B. 专责监护人

C. 工作许可人　　　　D. 工作负责人、专责监护人

答案：D（变电《安规》6.5.1）

【多选题】工作许可手续完成后，工作负责人、专责监护人应向工作班成员交待（　　　），进行危险点告知，并履行确认手续，工作班方可开始工作。

A. 工作内容　　　　　B. 人员分工

C. 带电部位　　　　　D. 现场安全措施

答案：ABCD（变电《安规》6.5.1）

【判断题】工作负责人、专责监护人应始终在工作现场，对工作班人员的安全认真监护，及时纠正不安全的行为。

答案：正确（变电《安规》6.5.1）

6.5.2 所有工作人员（包括工作负责人）不许单独进入、滞留在高压室、阀厅内和室外高压设备区内。

若工作需要（如测量极性、回路导通试验、光纤回路检查等），而且现场设备允许时，可以准许工作班中有实际经验的一个人或几人同时在它室进行工作，但工作负责人应在事前将有关安全注意事项予以详尽的告知。

【多选题】所有工作人员（包括工作负责人）不许单独进入、滞留在（　　　）。

A. 高压室　　　　　　B. 室外高压设备区

C. 蓄电池室　　　　　D. 控制室内

答案：AB（变电《安规》6.5.2）

【判断题】所有工作人员（包括工作负责人）不许单独进入、滞留在高压室和室外高压设备区内。

答案：正确（变电《安规》6.5.2）

6.5.3 工作负责人、专责监护人应始终在工作现场。

工作票签发人或工作负责人，应根据现场的安全条件、施工范围、工作需要等具体情况，增设专责监护人和确定被监护的

人员。

专责监护人不得兼做其他工作。专责监护人临时离开时，应通知被监护人员停止工作或离开工作现场，待专责监护人回来后方可恢复工作。若专责监护人必须长时间离开工作现场时，应由工作负责人变更专责监护人，履行变更手续，并告知全体被监护人员。

【单选题】工作票签发人或工作负责人，应根据现场的安全条件、施工范围、工作需要等具体情况，增设（　　）和确定被监护的人员。

A. 专责监护人　　　　　　B. 监护人

C. 专人　　　　　　　　　D. 负责人

答案：A（变电《安规》6.5.3）

【判断题】专责监护人临时离开时，应指定一名工作人员担任临时监护人。

答案：错误（变电《安规》6.5.3）

6.5.4　工作期间，工作负责人若因故暂时离开工作现场时，应指定能胜任的人员临时代替，离开前应将工作现场交待清楚，并告知工作班成员。原工作负责人返回工作现场时，也应履行同样的交接手续。

若工作负责人必须长时间离开工作的现场时，应由原工作票签发人变更工作负责人，履行变更手续，并告知全体作业人员及工作许可人。原、现工作负责人应做好必要的交接。

【单选题】工作期间，若工作负责人必须长时间离开工作现场时，应由（　　）变更工作负责人，履行变更手续，并告知全体作业人员及工作许可人。

A. 原工作票签发人　　　　B. 工区领导

C. 运维负责人　　　　　　D. 值班调控人员

答案：A（变电《安规》6.5.4）

【判断题】工作期间，工作负责人若因故暂时离开工作现场时，应指定能胜任的人员临时代替，离开前应将工作现场交待清楚，并告知工作许可人。

答案：错误（变电《安规》6.5.4）

6.6 工作间断、转移和终结制度。

6.6.1 工作间断时，工作班人员应从工作现场撤出。每日收工，应清扫工作地点，开放已封闭的通道，并电话告知工作许可人。若工作间断后所有安全措施和接线方式保持不变，工作票可由工作负责人执存。次日复工时，工作负责人应电话告知工作许可人，并重新认真检查确认安全措施是否符合工作票要求。间断后继续工作，若无工作负责人或专责监护人带领，作业人员不得进入工作地点。

【单选题】若工作间断后所有安全措施和接线方式保持不变，工作票可由（　　　　）执存。

A. 工作班成员　　　　　　B. 工作许可人

C. 工作负责人　　　　　　D. 专责监护人

答案：C（变电《安规》6.6.1）

【判断题】工作间断次日复工时，工作负责人应电话告知工作许可人，并重新认真检查确认安全措施是否符合工作票要求。

答案：正确（变电《安规》6.6.1）

6.6.2 在未办理工作票终结手续以前，任何人员不准将停电设备合闸送电。

在工作间断期间，若有紧急需要，运维人员可在工作票未交回的情况下合闸送电，但应先通知工作负责人，在得到工作班全体人员已经离开工作地点、可以送电的答复后方可执行，并应采取下列措施：

a) 拆除临时遮栏、接地线和标示牌，恢复常设遮栏，换挂"止步，高压危险！"的标示牌。

b) 应在所有道路派专人守候，以便告诉工作班人员"设备已经合闸送电，不得继续工作！"。守候人员在工作票未交回以前，不得离开守候地点。

【单选题】在工作间断期间，若有紧急需要，运维人员可在工作票未交回的情况下合闸送电，但应先通知（　　），在得到工作班全体人员已经离开工作地点、可以送电的答复后方可执行。

A. 工作负责人　　　　　　　B. 专责监护人

C. 工作班成员　　　　　　　D. 工作票签发人

答案：A（变电《安规》6.6.2）

【判断题】在未办理工作票终结手续以前，任何人员不准将停电设备合闸送电。

答案：正确（变电《安规》6.6.2）

【填空题】在未办理工作票终结手续以前，_____不准将停电设备合闸送电。

答案：任何人员（变电《安规》6.6.2）

6.6.3　检修工作结束以前，若需将设备试加工作电压，应按下列条件进行：

a）　全体作业人员撤离工作地点。

b）　将该系统的所有工作票收回，拆除临时遮栏、接地线和标示牌，恢复常设遮栏。

c）　应在工作负责人和运维人员进行全面检查无误后，由运维人员进行加压试验。

工作班若需继续工作时，应重新履行工作许可手续。

【多选题】检修工作结束以前，若需将设备试加工作电压，应按（　　）进行。

A. 全体作业人员撤离工作地点

B. 将该系统的所有工作票收回

C. 拆除临时遮栏、接地线和标示牌，恢复常设遮栏

D. 应在工作负责人和运维人员进行全面检查无误后，由运维人员进行加压试验

答案：ABCD（变电《安规》6.6.3）

【判断题】检修工作结束以前，对设备进行加压试验后，工作班若需继续工作时，不需重新履行工作许可手续。

答案：错误（变电《安规》6.6.3）

6.6.4 在同一电气连接部分用同一张工作票依次在几个工作地点转移工作时，全部安全措施由运维人员在开工前一次做完，不需再办理转移手续。但工作负责人在转移工作地点时，应向作业人员交待带电范围、安全措施和注意事项。

【单选题】在同一电气连接部分用同一张工作票依次在几个工作地点转移工作时，全部安全措施由运维人员在开工前一次做完，不需再办理转移手续。但工作负责人在转移工作地点时，应向作业人员交待带电范围、（　　）和注意事项。

A. 安全措施　B. 技术措施　C. 人员分工　D. 组织措施

答案：A（变电《安规》6.6.4）

【多选题】在同一电气连接部分用同一张工作票依次在几个工作地点转移工作时，全部安全措施由运维人员在开工前一次做完，不需再办理转移手续。但工作负责人在转移工作地点时，应向作业人员交待（　　）。

A. 带电范围　B. 安全措施　C. 技术措施　D. 注意事项

答案：ABD（变电《安规》6.6.4）

【判断题】在同一电气连接部分用同一张工作票依次在几个工作地点转移工作时，全部安全措施由运维人员在开工前一次做完，不需再办理转移手续。

答案：正确（变电《安规》6.6.4）

6.6.5 全部工作完毕后，工作班应清扫、整理现场。工作负责人应先周密地检查，待全体作业人员撤离工作地点后，再向运维人员交待所修项目、发现的问题、试验结果和存在问题等，并与运维人员共同检查设备状况、状态，有无遗留物件，是否清洁等，然后在工作票上填明工作结束时间。经双方签名后，表示工作终结。

待工作票上的临时遮栏已拆除，标示牌已取下，已恢复常设遮栏，未拆除的接地线、未拉开的接地刀闸（装置）等设备运行方式已汇报调控人员，工作票方告终结。

【单选题】第一种工作票全部工作完毕后，工作负责人待全体作业人员撤离工作地点后，再向（　　　）交待所修项目、发现的问题、试验结果和存在问题等。

A. 工作票签发人　　　　　B. 运维人员

C. 工作班成员　　　　　　D. 专责监护人

答案：B（变电《安规》6.6.5）

【多选题】工作票终结应满足（　　　）。

A. 工作票上的临时遮栏已拆除

B. 标示牌已取下

C. 已恢复常设遮栏

D. 未拆除的接地线、未拉开的接地刀闸（装置）等设备运行方式已汇报调控人员

答案：ABCD（变电《安规》6.6.5）

6.6.6　只有在同一停电系统的所有工作票都已终结，并得到值班调控人员或运维负责人的许可指令后，方可合闸送电。

【单选题】只有在同一停电系统的所有工作票都已终结，并得到（　　　）的许可指令后，方可合闸送电。

A. 工作许可人

B. 工作负责人

C. 专责监护人

D. 值班调控人员或运维负责人

答案：D（变电《安规》6.6.6）

【判断题】只有在同一停电系统的所有工作票都已终结，并得到值班调控人员或运维负责人的许可指令后，方可合闸送电。

答案：正确（变电《安规》6.6.6）

【填空题】只有在同一停电系统的所有工作票都_____，并

得到值班调控人员或运维负责人的许可指令后，方可合闸送电。

答案：已终结（变电《安规》6.6.6）

6.6.7 已终结的工作票、事故紧急抢修单应保存 1 年。

【判断题】已终结的工作票、事故紧急抢修单应保存 1 年。

答案：正确（变电《安规》6.6.7）

7 保证安全的技术措施

7.1 在电气设备上工作，保证安全的技术措施。

a) 停电。

b) 验电。

c) 接地。

d) 悬挂标示牌和装设遮栏（围栏）。

上述措施由运维人员或有权执行操作的人员执行。

【单选题】在电气设备上工作，保证安全的技术措施有停电、验电、（　　）、悬挂标示牌和装设遮栏（围栏）。

A. 工作票　　B. 接地　　　　C. 监护　　　　D. 交接班

答案：B（变电《安规》7.1）

【单选题】在电气设备上工作，保证安全的技术措施由运维人员或（　　）人员执行。

A. 检修　　　　　　　　　B. 试验

C. 监护　　　　　　　　　D. 有权执行操作的

答案：D（变电《安规》7.1）

【多选题】在电气设备上工作，保证安全的技术措施由（　　）执行。

A. 调控人员　　　　　　　B. 检修人员

C. 运维人员　　　　　　　D. 有权执行操作的人员

答案：CD（变电《安规》7.1）

【多选题】在电气设备上工作，保证安全的技术措施有（　　）。

A. 验电

B. 停电

C. 接地

D. 悬挂标示牌和装设遮栏（围栏）

答案：ABCD（变电《安规》7.1）

【简答题】在电气设备上工作，保证安全的技术措施有哪些？

答案：① 停电；② 验电；③ 接地；④ 悬挂标示牌和装设遮栏（围栏）。

（变电《安规》7.1）

7.2 停电。

7.2.1 工作地点，应停电的设备如下：

a) 检修的设备。

b) 与作业人员在进行工作中正常活动范围的距离小于表 3 规定的设备。

c) 在 35kV 及以下的设备处工作，安全距离虽大于表 3 规定，但小于表 1 规定，同时又无绝缘隔板、安全遮栏措施的设备。

表 3   作业人员工作中正常活动范围与设备带电部分的安全距离

电压等级 kV	安全距离 m	电压等级 kV	安全距离 m
10 及以下（13.8）	0.35	1000	9.50
20、35	0.60	±50 及以下	1.50
66、110	1.50	±400	6.70[a]
220	3.00	±500	6.80
330	4.00	±660	9.00
500	5.00	±800	10.10
750	8.00[b]		

注：表中未列电压按高一档电压等级的安全距离。

[a] ±400kV 数据是按海拔 3000m 校正的，海拔 4000m 时安全距离为 6.80m。

[b] 750kV 数据是按海拔 2000m 校正的，其他等级数据按海拔 1000m 校正。

d) 带电部分在作业人员后面、两侧、上下，且无可靠安全措施的设备。

e) 其他需要停电的设备。

【单选题】设备检修时，以下属于工作地点应停电的设备的是（　　）。

A. 工作地点所有带电设备　　B. 检修设备邻近的设备

C. 检修的设备　　　　　　　D. 回路上的所有设备

答案：C（变电《安规》7.2.1）

【单选题】电压等级 110kV 时，工作人员在进行工作中正常活动范围与设备带电部分的安全距离为（　　）m。

A. 0.35　　B. 0.6　　C. 1.5　　D. 3

答案：C（变电《安规》7.2.1）

【单选题】电压等级 10kV 时，工作人员在进行工作中正常活动范围与设备带电部分的安全距离为（　　）m。

A. 0.35　　B. 0.6　　C. 1.5　　D. 3

答案：A（变电《安规》7.2.1）

【多选题】工作地点，应停电的设备包括带电部分在作业人员（　　），且无可靠安全措施的设备。

A. 前面　　B. 后面　　C. 两侧　　D. 上下

答案：BCD（变电《安规》7.2.1）

【多选题】在 35kV 设备处工作，安全距离虽大于 0.6m，但小于 1m 规定，同时又无（　　）的设备应停电。

A. 接地线和接地刀闸

B. 绝缘隔板

C. "止步，高压危险！"标示牌

D. 安全遮栏措施

答案：BD（变电《安规》7.2.1）

【填空题】电压等级 10kV 及以下时，工作人员在进行工作中正常活动范围与设备带电部分的安全距离为_____m。

答案：0.35（变电《安规》7.2.1）

【判断题】电压等级 110kV 时，工作人员在进行工作中正常活动范围与设备带电部分的安全距离为 1.5m。

答案：正确（变电《安规》7.2.1）

7.2.2 检修设备停电，应把各方面的电源完全断开（任何运行中的星形接线设备的中性点，应视为带电设备）。禁止在只经断路器（开关）断开电源或只经换流器闭锁隔离电源的设备上工作。应拉开隔离开关（刀闸），手车开关应拉至试验或检修位置，应使各方面有一个明显的断开点，若无法观察到停电设备的断开点，应有能够反映设备运行状态的电气和机械等指示。与停电设备有关的变压器和电压互感器，应将设备各侧断开，防止向停电检修设备反送电。

【单选题】任何运行中的星形接线设备的中性点，应视为（　　）设备。

A. 不带电　　　　　　　　B. 停电

C. 带电　　　　　　　　　D. 部分停电

答案：C（变电《安规》7.2.2）

【单选题】检修设备停电，应把（　　）的电源完全断开。

A. 进口侧　　　　　　　　B. 出口侧

C. 任意一侧　　　　　　　D. 各方面

答案：D（变电《安规》7.2.2）

【单选题】检修设备停电，手车开关应拉至（　　）或检修位置，应使各方面有一个明显的断开点。

A. 热备用　　B. 运行　　C. 工作　　D. 试验

答案：D（变电《安规》7.2.2）

【单选题】（　　）在只经断路器（开关）断开电源或只经换流器闭锁隔离电源的设备上工作。

A. 允许　　　B. 禁止　　C. 可以　　D. 不宜

答案：B（变电《安规》7.2.2）

【多选题】检修设备停电，与停电设备有关的（　　），应将设备各侧断开，防止向停电检修设备反送电。

A. 变压器　　　　　　　　B. 电压互感器

C. 电流互感器　　　　　　D. 避雷器

答案：AB（变电《安规》7.2.2）

【填空题】任何运行中的星形接线设备的中性点，应视为_____设备。

答案：带电（变电《安规》7.2.2）

【填空题】检修设备停电，应拉开隔离开关（刀闸），手车开关应拉至试验或检修位置，应使各方面有一个明显的_____。

答案：断开点（变电《安规》7.2.2）

7.2.3 检修设备和可能来电侧的断路器（开关）、隔离开关（刀闸）应断开控制电源和合闸能源，隔离开关（刀闸）操作把手应锁住，确保不会误送电。

【单选题】检修设备停电，可能来电侧的断路器（开关）、隔离开关（刀闸）应断开（　　）。

A. 总熔丝电源　　　　　　B. 小开关电源

C. 控制电源和合闸能源　　D. 进线电源

答案：C（变电《安规》7.2.3）

【多选题】电气设备上工作，可能来电侧的断路器（开关）、隔离开关（刀闸）应断开（　　），隔离开关（刀闸）操作把手应锁住，确保不会误送电。

A. 控制电源和保护出口压板

B. 合闸电源和保护出口压板

C. 控制电源

D. 合闸能源

答案：CD（变电《安规》7.2.3）

【判断题】检修设备和可能来电侧的断路器（开关）、隔离开关（刀闸）应断开控制电源和合闸能源，隔离开关（刀闸）操作把手应锁住，确保不会误送电。

答案：正确（变电《安规》7.2.3）

【填空题】检修设备和可能来电侧的断路器（开关）、隔离开关（刀闸）应断开＿＿＿＿和合闸能源。

答案：控制电源（变电《安规》7.2.3）

7.2.4 对难以做到与电源完全断开的检修设备，可以拆除设备与电源之间的电气连接。

【单选题】对难以做到与电源完全断开的检修设备，（　　）拆除设备与电源之间的电气连接。

A. 可以　　　　B. 禁止　　　　C. 必须　　　　D. 一般不

答案：A（变电《安规》7.2.4）

【判断题】在电气设备上工作，对难以做到与电源完全断开的检修设备，可以不拆除设备与电源之间的电气连接。

答案：错误（变电《安规》7.2.4）

【填空题】对难以做到与电源完全断开的检修设备停电，可以拆除设备与电源之间的＿＿＿＿。

答案：电气连接（变电《安规》7.2.4）

7.3 验电。

7.3.1 验电时，应使用相应电压等级且合格的接触式验电器，在装设接地线或合接地刀闸（装置）处对各相分别验电。验电前，应先在有电设备上进行试验，确认验电器良好；无法在有电设备上进行试验时，可用工频高压发生器等确认验电器良好。

【单选题】验电时，应使用相应电压等级且合格的（　　）验电器，在装设接地线或合接地刀闸（装置）处对各相分别验电。

A. 感应式　　B. 接触式　　C. 电阻式　　D. 电感式

答案：B（变电《安规》7.3.1）

【单选题】验电时，应使用相应电压等级且合格的接触式验电器，在装设接地线或合接地刀闸（装置）处对（　　）分别验电。

A. 各相　　　　　　　　　　B. 单相

C. 两相分别　　　　　　　D. 任意一相

答案：A（变电《安规》7.3.1）

【单选题】验电前，应先在（　　）设备上进行试验，确证验电器良好。

A. 停用　　B. 待用　　C. 检修　　D. 有电

答案：D（变电《安规》7.3.1）

【多选题】验电时，使用的验电器应符合（　　）。

A. 高一电压等级　　　　　B. 相应电压等级

C. 合格的接触式验电器　　D. 感应式

答案：BC（变电《安规》7.3.1）

【多选题】验电时，以下做法正确的是（　　）。

A. 应使用相应电压等级且合格的接触式验电器

B. 在装设接地线或合接地刀闸（装置）处对各相分别验电

C. 验电前，应先在有电设备上进行试验，确认验电器良好

D. 无法在有电设备上进行试验时，可用工频高压发生器等确认验电器良好

答案：ABCD（变电《安规》7.3.1）

【填空题】验电时，应使用_____等级而且合格的接触式验电器。

答案：相应电压（变电《安规》7.3.1）

【填空题】验电时，应使用相应电压等级而且合格的_____验电器。

答案：接触式（变电《安规》7.3.1）

7.3.2 高压验电应戴绝缘手套。验电器的伸缩式绝缘棒长度应拉足，验电时手应握在手柄处不得超过护环，人体应与验电设备保持表1中规定的距离。雨雪天气时不得进行室外直接验电。

【单选题】雨雪天气时不得进行室外（　　）。

A. 间接验电　　B. 直接验电　　C. 设备操作　　D. 巡视

答案：B（变电《安规》7.3.2）

【单选题】高压验电时，验电器的伸缩式绝缘棒长度应拉足，验电时手应握在手柄处不得超过护环，人体应与（　　）保持规定的距离。

A. 验电器　　　B. 验电设备　C. 围栏　　　　D. 遮栏

答案：B（变电《安规》7.3.2）

【多选题】高压验电时，必须遵守（　　）。

A. 验电时，戴绝缘手套，手握在手柄处不得超过护环

B. 验电器的伸缩式绝缘棒长度应拉足

C. 人体与验电设备保持设备不停电时的安全距离中规定的距离

D. 雨雪天气时不得进行室外直接验电

答案：ABCD（变电《安规》7.3.2）

【判断题】高压验电应戴手套。

答案：错误（变电《安规》7.3.2）

【填空题】雨雪天气时不得进行室外＿＿＿＿＿＿验电。

答案：直接（变电《安规》7.3.2）

【填空题】验电器的伸缩式绝缘棒长度应拉足，验电时手应握在手柄处不得超过＿＿＿＿＿＿，人体应与验电设备保持设备不停电时的安全距离中规定的距离。

答案：护环（变电《安规》7.3.2）

7.3.3　对无法进行直接验电的设备、高压直流输电设备和雨雪天气时的户外设备，可以进行间接验电，即通过设备的机械指示位置、电气指示、带电显示装置、仪表及各种遥测、遥信等信号的变化来判断。判断时，至少应有两个非同样原理或非同源的指示发生对应变化，且所有这些确定的指示均已同时发生对应变化，才能确认该设备已无电。以上检查项目应填写在操作票中作为检查项。检查中若发现其他任何信号有异常，均应停止操作，查明原因。若进行遥控操作，可采用上述的间接方法或其他可靠的方

法进行间接验电。

330kV 及以上的电气设备，可采用间接验电方法进行验电。

【单选题】间接验电判断时，至少应有（　　）非同样原理或非同源的指示发生对应变化，且所有这些确定的指示均已同时发生对应变化，才能确认该设备已无电。

A. 一个　　　　B. 两个　　　　C. 三个　　　　D. 三个以上

答案：B（变电《安规》7.3.3）

【多选题】以下可进行间接验电的是（　　）。

A. 无法进行直接验电的设备 B. 高压直流输电设备

C. 雨雪天气时的户外设备　　D. 干式变压器

答案：ABC（变电《安规》7.3.3）

【多选题】对无法进行直接验电的设备、高压直流输电设备和雨雪天气时的户外设备，可以进行间接验电，即通过设备的（　　）及各种遥测、遥信等信号的变化来判断。

A. 机械指示位置　　　　　　B. 电气指示

C. 带电显示装置　　　　　　D. 仪表

答案：ABCD（变电《安规》7.3.3）

【判断题】对无法进行直接验电的设备、高压直流输电设备和雨雪天气时的户外设备，可以进行间接验电，即通过设备的机械指示位置、电气指示、带电显示装置、仪表及各种遥测、遥信等信号的变化来判断。

答案：正确（变电《安规》7.3.3）

【判断题】采用间接验电判断时，至少应有两个非同样原理或非同源的指示发生对应变化，且所有这些确定的指示均已同时发生对应变化，才能确认该设备已无电。

答案：正确（变电《安规》7.3.3）

7.3.4 表示设备断开和允许进入间隔的信号、经常接入的电压表等，如果指示有电，在排除异常情况前，禁止在设备上工作。

【判断题】间接验电时，表示设备断开和允许进入间隔的信号、经常接入的电压表等，如果指示有电，在排除异常情况前，禁止在设备上工作。

答案：正确（变电《安规》7.3.4）

【判断题】间接验电时，表示设备断开和允许进入间隔的信号、经常接入的电压表等，如果指示有电，根据电压高低，视情况可以继续工作。

答案：错误（变电《安规》7.3.4）

7.4 接地。

7.4.1 装设接地线应由两人进行（经批准可以单人装设接地线的项目及运维人员除外）。

【单选题】装设接地线应由（　　）进行（经批准可以单人装设接地线的项目及运维人员除外）。

A. 单人　　　　B. 两人　　　　C. 三人　　　　D. 多人一起

答案：B（变电《安规》7.4.1）

【判断题】装设接地线一般由单人进行。

答案：错误（变电《安规》7.4.1）

【判断题】装设接地线应由两人进行（经批准可以单人装设接地线的项目及运维人员除外）。

答案：正确（变电《安规》7.4.1）

【填空题】装设接地线应由_____人进行。

答案：两（变电《安规》7.4.1）

7.4.2 当验明设备确已无电压后，应立即将检修设备接地并三相短路。电缆及电容器接地前应逐相充分放电，星形接线电容器的中性点应接地、串联电容器及与整组电容器脱离的电容器应逐个多次放电，装在绝缘支架上的电容器外壳也应放电。

【单选题】当验明设备确已无电压后，应立即将检修设备接地并三相短路。电缆及电容器接地前应（　　）。

A. 及时悬挂警示牌　　　　　　B. 立即清扫干净

C. 再次验电　　　　　　　　　D. 逐相充分放电

答案：D（变电《安规》7.4.2）

【多选题】当验明设备确无电压后，接地前，（　　　　）是必须进行的。

A. 电缆及电容器接地前应逐相充分放电

B. 星形接线电容器的中性点无需接地

C. 串联电容器及与整组电容器脱离的电容器应逐个多次放电

D. 装在绝缘支架上的电容器外壳也应放电

答案：ACD（变电《安规》7.4.2）

【判断题】当验明设备确已无电压后，应立即将检修设备接地并三相短路。

答案：正确（变电《安规》7.4.2）

【简答题】变电《安规》对电缆及电容器的接地有何要求？

答案：① 当验明设备确已无电压后，应立即将检修设备接地并三相短路；② 电缆及电容器接地前应逐相充分放电；③ 星形接线电容器的中性点应接地、串联电容器及与整组电容器脱离的电容器应逐个多次放电；④ 装在绝缘支架上的电容器外壳也应放电。

（变电《安规》7.4.2）

7.4.3 对于可能送电至停电设备的各方面都应装设接地线或合上接地刀闸（装置），所装接地线与带电部分应考虑接地线摆动时仍符合安全距离的规定。

【单选题】对于可能送电至停电设备的各方面都应装设接地线或合上接地刀闸（装置），所装接地线与带电部分应考虑接地线（　　　　）仍符合安全距离的规定。

A. 摆动时　　B. 移动时　　C. 装设时　　D. 拆除时

答案：A（变电《安规》7.4.3）

【单选题】对于（　　　　）停电设备的各方面都应装设接地线或合上接地刀闸（装置）。

A. 连接　　　　　　　　B. 可能送电至

C. 邻近　　　　　　　　D. 不需要

答案：B（变电《安规》7.4.3）

【判断题】在高压设备上工作，对于可能送电至停电设备的各方面都必须装设接地线或合上接地刀闸。

答案：正确（变电《安规》7.4.3）

【填空题】在电气设备上工作，对于可能送电至停电设备的各方面都应装设_____或合上接地刀闸。

答案：接地线（变电《安规》7.4.3）

7.4.4 对于因平行或邻近带电设备导致检修设备可能产生感应电压时，应加装工作接地线或使用个人保安线，加装的接地线应登录在工作票上，个人保安线由作业人员自装自拆。

【单选题】对于因平行或邻近带电设备导致检修设备可能产生感应电压时，应加装（　　　）或使用个人保安线。

A. 标示牌

B. 围栏

C. 隔离挡板

D. 工作接地线

答案：D（变电《安规》7.4.4）

【判断题】对于因平行或邻近带电设备导致检修设备可能产生感应电压时，应加装工作接地线或使用个人保安线，加装的接地线应登录在工作票上，个人保安线由作业人员自装自拆。

答案：正确（变电《安规》7.4.4）

7.4.5 在门型架构的线路侧进行停电检修，如工作地点与所装接地线的距离小于10m，工作地点虽在接地线外侧，也可不另装接地线。

【单选题】在门型构架的线路侧进行停电检修，如工作地点与所装接地线的距离小于（　　　）m，工作地点虽在接地线外侧，也可不另装接地线。

A. 10 　　　　B. 12 　　　　C. 14 　　　　D. 16

答案：A（变电《安规》7.4.5）

【填空题】在门型构架的线路侧进行停电检修，如工作地点与所装接地线的距离小于_____m，工作地点虽在接地线外侧，也可不另装接地线。

答案：10（变电《安规》7.4.5）

【判断题】在门型架构的线路侧进行停电检修，如工作地点与所装接地线的距离小于15m，工作地点虽在接地线外侧，也可不另装接地线。

答案：错误（变电《安规》7.4.5）

7.4.6 检修部分若分为几个在电气上不相连接的部分［如分段母线以隔离开关（刀闸）或断路器（开关）隔开分成几段］，则各段应分别验电接地短路。降压变电站全部停电时，应将各个可能来电侧的部分接地短路，其余部分不必每段都装设接地线或合上接地刀闸（装置）。

【判断题】检修部分若分为几个在电气上不相连接的部分［如分段母线以隔离开关（刀闸）或断路器（开关）隔开分成几段］，则各段应分别验电接地短路。

答案：正确（变电《安规》7.4.6）

7.4.7 接地线、接地刀闸与检修设备之间不得连有断路器（开关）或熔断器。若由于设备原因，接地刀闸与检修设备之间连有断路器（开关），在接地刀闸和断路器（开关）合上后，应有保证断路器（开关）不会分闸的措施。

【判断题】接地线、接地刀闸与检修设备之间应设置断路器（开关）或熔断器。

答案：错误（变电《安规》7.4.7）

【填空题】接地线、接地刀闸与检修设备之间不得连有断路器（开关）或_____。

答案：熔断器（变电《安规》7.4.7）

7.4.8 在配电装置上，接地线应装在该装置导电部分的规定地点，应去除这些地点的油漆或绝缘层，并划有黑色标记。所有配电装置的适当地点，均应设有与接地网相连的接地端，接地电阻应合格。接地线应采用三相短路式接地线，若使用分相式接地线时，应设置三相合一的接地端。

【判断题】在配电装置上，接地线应装在该装置导电部分的规定地点，应去除这些地点的油漆或绝缘层，并划有黑色标记。

答案：正确（变电《安规》7.4.8）

【填空题】所有配电装置的适当地点，均应设有与接地网相连的_____，接地电阻应合格。

答案：接地端（变电《安规》7.4.8）

7.4.9 装设接地线应先接接地端，后接导体端，接地线应接触良好，连接应可靠。拆接地线的顺序与此相反。装、拆接地线导体端均应使用绝缘棒和戴绝缘手套。人体不得碰触接地线或未接地的导线，以防止触电。带接地线拆设备接头时，应采取防止接地线脱落的措施。

【单选题】装、拆接地线导体端均应使用绝缘棒和戴（　　）。

A. 绝缘手套　　B. 线手套　　C. 护目镜　　D. 橡胶手套

答案：A（变电《安规》7.4.9）

【单选题】装设接地线应（　　）。

A. 先接电源侧，后接负荷侧

B. 先接导体端，后接接地端

C. 先接接地端，后接导体端

D. 先接负荷侧，后接电源侧

答案：C（变电《安规》7.4.9）

【单选题】装、拆接地线时，人体不得（　　）接地线或未接地的导线，以防止触电。

A. 靠近　　　B. 碰触　　　C. 临近　　　D. 远离

答案：B（变电《安规》7.4.9）

【判断题】装设接地线应先接接地端，后接导体端，接地线应接触良好，连接应可靠。

答案：正确（变电《安规》7.4.9）

【多选题】装拆接地线，以下做法正确的是（　　　）。

A. 装设接地线应先接接地端，后接导体端，接地线应接触良好，连接应可靠

B. 装设接地线应先接导体端，后接接地端，接地线应接触良好，连接应可靠绝缘手套

C. 装、拆接地线导体端均应使用绝缘棒和戴绝缘手套

D. 人体不得碰触接地线或未接地的导线，以防止触电

答案：ACD（变电《安规》7.4.9）

【问答题】简述装、拆接地线的安全规定？

答案：① 装设接地线应先接接地端，后接导体端，接地线应接触良好，连接应可靠，拆接地线的顺序与此相反；② 装、拆接地线导体端均应使用绝缘棒和戴绝缘手套；③ 人体不得碰触接地线或未接地的导线，以防止触电。

（变电《安规》7.4.9）

7.4.10 成套接地线应由有透明护套的多股软铜线和专用线夹组成，接地线截面积不得小于 $25mm^2$，同时应满足装设地点短路电流的要求。

禁止使用其他导线接地或短路。

接地线应使用专用的线夹固定在导体上，禁止用缠绕的方法进行接地或短路。

【单选题】成套接地线应用有透明护套的多股软铜线和专用线夹组成，接地线截面积不得小于（　　　）mm^2，同时应满足装设地点短路电流的要求。

A. 10　　　　　B. 16　　　　　C. 20　　　　　D. 25

答案：D（变电《安规》7.4.10）

【单选题】成套接地线应用有透明护套的（　　　）和专用线夹组成，接地线截面积不得小于 $25mm^2$。

A. 多股软铜线　　　　　B. 多股硬铜线

C. 单股硬铜线　　　　　　　D. 单股软铜线

答案：A（变电《安规》7.4.10）

【单选题】接地线应使用（　　）的线夹固定在导体上，禁止用缠绕的方法进行接地或短路。

A. 普通　　　　B. 铜质　　　　C. 铁质　　　　D. 专用

答案：D（变电《安规》7.4.10）

【多选题】对成套接地线的组成和安装，应符合（　　）。

A. 应由有透明护套的多股软铜线和专用线夹组成

B. 接地线截面积不得小于25mm²,同时应满足装设地点短路电流的要求

C. 禁止使用其他导线接地或短路

D. 接地线应使用专用的线夹固定在导体上,禁止用缠绕的方法进行接地或短路

答案：ABCD（变电《安规》7.4.10）

【填空题】接地线应使用专用的线夹固定在导体上，_____用缠绕的方法进行接地或短路。

答案：禁止（变电《安规》7.4.10）

【判断题】接地线应使用专用的线夹固定在导体上，可以用缠绕的方法进行接地或短路。

答案：错误（变电《安规》7.4.10）

7.4.11　禁止作业人员擅自移动或拆除接地线。高压回路上的工作，必须要拆除全部或一部分接地线后能始能进行工作者［如测量母线和电缆的绝缘电阻，测量线路参数，检查断路器（开关）触头是否同时接触］，如：

a)　拆除一相接地线。

b)　拆除接地线，保留短路线。

c)　将接地线全部拆除或拉开接地刀闸（装置）。

上述工作应征得运维人员的许可（根据调控人员指令装设的接地线，应征得调控人员的许可），方可进行。工作完毕后立

即恢复。

【单选题】高压回路上的工作，必须要拆除全部或一部分接地线后始能进行工作者，应征得（　　　）的许可（根据调控人员指令装设的接地线，应征得调控人员的许可），方可进行。

A. 工作票签发人　　　　B. 工作负责人

C. 运维人员　　　　　　D. 监护人

答案：C（变电《安规》7.4.11）

【多选题】高压回路上的工作，必须要拆除全部或一部分接地线后始能进行工作者，应征得运维人员的许可，方可进行的工作有（　　　）。

A. 拆除一相接地线

B. 拆除标识牌

C. 拆除接地线，保留短路线

D. 将接地线全部拆除或拉开接地刀闸（装置）

答案：ACD（变电《安规》7.4.11）

【判断题】禁止作业人员擅自移动或拆除接地线。

答案：正确（变电《安规》7.4.11）

【问答题】高压回路上的工作中，关于接地线的移动或拆除，有何规定？

答案：① 严禁作业人员擅自移动或拆除接地线；② 高压回路上的工作，需要拆除全部或一部分接地线后始能进行工作者，应征得运维人员的许可（根据调控人员指令装设的接地线，应征得调控人员的许可），方可进行；③ 工作完毕后应立即恢复。

（变电《安规》7.4.11）

7.4.12 每组接地线及其存放位置均应编号，接地线号码与存放位置号码应一致。

【单选题】每组接地线及其存放位置均应（　　　），接地线号码与存放位置号码应一致。

A. 分类　　　B. 编号　　　C. 有名称　　　D. 保持清洁

答案：B（变电《安规》7.4.12）

【判断题】每组接地线及其存放位置均应编号，接地线号码与存放位置号码应一致。

答案：正确（变电《安规》7.4.12）

【填空题】每组接地线及其存放位置均应_____，接地线号码与存放位置号码应一致。

答案：编号（变电《安规》7.4.12）

7.4.13 装、拆接地线，应做好记录，交接班时应交待清楚。

【单选题】装、拆接地线，应做好记录，交接班时应（　　）。

A. 重新记录　　　　　　　B. 汇报领导

C. 重新拆接　　　　　　　D. 交待清楚

答案：D（变电《安规》7.4.13）

【判断题】装、拆接地线，应做好记录，交接班时应交待清楚。

答案：正确（变电《安规》7.4.13）

7.5 悬挂标示牌和装设遮栏（围栏）。

7.5.1 在一经合闸即可送电到工作地点的断路器（开关）和隔离开关（刀闸）的操作把手上，均应悬挂"禁止合闸，有人工作！"的标示牌（见附录Ⅰ）。

如果线路上有人工作，应在线路断路器（开关）和隔离开关（刀闸）操作把手上悬挂"禁止合闸，线路有人工作！"的标示牌。

对由于设备原因，接地刀闸（装置）与检修设备之间连有断路器（开关），在接地刀闸（装置）和断路器（开关）合上后，在断路器（开关）操作把手上，应悬挂"禁止分闸！"的标示牌。

在显示屏上进行操作的断路器（开关）或隔离开关（刀闸）的操作处应设置"禁止合闸，有人工作！"或"禁止合闸，线路有人工作！"以及"禁止分闸！"的标记。

【判断题】在一经合闸即可送电到工作地点的断路器（开关）和隔离开关（刀闸）的操作把手上，均应悬挂"禁止合闸，有人工作!"的标示牌。

答案：正确（变电《安规》7.5.1）

【单选题】在一经合闸即可送电到工作地点的断路器（开关）和隔离开关（刀闸）的操作把手上，均应悬挂（　　）的标示牌。

A. 禁止合闸，有人工作！　　　B. 禁止合闸，线路有人工作！

C. 禁止分闸！　　　　　　　　D. 止步，高压危险！

答案：A（变电《安规》7.5.1）

【多选题】在显示屏上进行操作的断路器（开关）或隔离开关（刀闸）的操作处应设置（　　）警示标志。

A. 禁止合闸，有人工作！　　　B. 禁止合闸，线路有人工作！

C. 禁止分闸！　　　　　　　　D. 止步，高压危险！

答案：ABC（变电《安规》7.5.1）

7.5.2 部分停电的工作，安全距离小于表 1 规定距离以内的未停电设备，应装设临时遮栏，临时遮栏与带电部分的距离不得小于表 3 的规定数值，临时遮栏可用干燥木材、橡胶或其他坚韧绝缘材料制成，装设应牢固，并悬挂"止步，高压危险！"的标示牌。

35kV 及以下设备可用与带电部分直接接触的绝缘隔板代替临时遮栏。绝缘隔板绝缘性能应符合附录 J 要求。

【单选题】(　　)kV 及以下设备可用与带电部分直接接触的绝缘隔板代替临时遮栏。

A. 35　　　　B. 110　　　　C. 220　　　　D. 330

答案：A（变电《安规》7.5.2）

【多选题】临时遮栏，可用（　　）制成，装设应牢固，并悬挂"止步，高压危险！"的标示牌。

A. 干燥木材　　　　　　　　　B. 橡胶

C. 不锈钢　　　　　　　　　　D. 其他坚韧绝缘材料

答案：ABD（变电《安规》7.5.2）

7.5.3 在室内高压设备上工作，应在工作地点两旁及对面运行设备间隔的遮栏（围栏）上和禁止通行的过道遮栏（围栏）上悬挂

"止步，高压危险！"的标示牌。

【判断题】在室内高压设备上工作，应在工作地点两旁及对面运行设备间隔的遮栏（围栏）上和禁止通行的过道遮栏（围栏）上悬挂"止步，高压危险！"的标示牌。

答案：正确（变电《安规》7.5.3）

【多选题】在室内高压设备上工作，应在（　　）悬挂"止步，高压危险！"的标示牌。

A. 工作地点两旁运行设备间隔的遮栏（围栏）上

B. 工作地点对面运行设备间隔的遮栏（围栏）上

C. 禁止通行的过道遮栏（围栏）上

D. 检修设备上

答案：ABC（变电《安规》7.5.3）

【问答题】在室内高压设备上工作，应在哪些位置悬挂"止步，高压危险！"的标示牌？

答案：① 工作地点两旁运行设备间隔的遮栏（围栏）上；② 工作地点对面运行设备间隔的遮栏（围栏）上；③ 禁止通行的过道遮栏（围栏）上。

（变电《安规》7.5.3）

7.5.4　高压开关柜内手车开关拉出后，隔离带电部位的挡板封闭后禁止开启，并设置"止步，高压危险！"的标示牌。

【单选题】高压开关柜内手车开关拉出后，隔离带电部位的挡板封闭后禁止开启，并设置（　　）的标示牌。

A."止步，高压危险！"

B."禁止合闸，有人工作！"

C."禁止合闸，线路有人工作！"

D."在此工作！"

答案：A（变电《安规》7.5.4）

【判断题】高压开关柜内手车开关拉出后，隔离带电部位的挡板封闭后禁止开启，并设置"禁止操作，有人工作！"的标示牌。

答案：错误（变电《安规》7.5.4）

【简答题】高压开关柜内手车开关拉出后，应采取什么安全措施？

答案：高压开关柜内手车开关拉出后，隔离带电部位的挡板封闭后禁止开启，并设置"止步，高压危险！"的标示牌。

（变电《安规》7.5.4）

7.5.5　在室外高压设备上工作，应在工作地点四周装设围栏，其出入口要围至临近道路旁边，并设有"从此进出！"的标示牌。工作地点四周围栏上悬挂适当数量的"止步，高压危险！"标示牌，标示牌应朝向围栏里面。若室外配电装置的大部分设备停电，只有个别地点保留有带电设备而其他设备无触及带电导体的可能时，可以在带电设备四周装设全封闭围栏，围栏上悬挂适当数量的"止步，高压危险！"标示牌，标示牌应朝向围栏外面。

禁止越过围栏。

【单选题】在室外高压设备上工作，应在工作地点四周装设围栏，其出入口要围至临近道路旁边，并设有（　　　）的标示牌。

A."在此工作！"　　　　　　B."从此进出！"

C."止步，高压危险！"　　　D."从此上下！"

答案：B（变电《安规》7.5.5）

【单选题】在室外高压设备上工作，工作地点四周围栏上悬挂适当数量的（　　　）标示牌，标示牌应朝向围栏里面。

A."在此工作！"　　　　　　B."从此进出！"

C."止步，高压危险！"　　　D."从此上下！"

答案：C（变电《安规》7.5.5）

【多选题】若室外配电装置的大部分设备停电，只有个别地点保留有带电设备而其他设备无触及带电导体的可能时，以下做法正确的是（　　　）。

A. 在带电设备四周装设全封闭围栏

B. 围栏上悬挂适当数量的"止步，高压危险！"标示牌

C. 标示牌应朝向围栏外面

D. 标示牌应朝向围栏里面

答案：ABC（变电《安规》7.5.5）

【多选题】在室外高压设备上工作，下列做法正确的是（　　）。

A. 在工作地点四周装设围栏，其出入口围至临近道路旁边

B. 在工作地点四周装设围栏，在宽敞处设置出入口

C. 大部分设备停电，只有个别地点保留有带电设备，其他设备无触及带电导体的可能，在带电设备四周装设围栏，设置出入口

D. 大部分设备停电，只有个别地点保留有带电设备，其他设备无触及带电导体的可能，在带电设备四周装设全封闭围栏

答案：AD（变电《安规》7.5.5）

【多选题】在室外高压设备上工作，下列哪些位置，应悬挂"止步，高压危险！"的标示牌。（　　）

A. 工作地点四周围栏上　　　B. 工作地点围栏入口处

C. 带电设备四周围栏上　　　D. 停电设备四周围栏出入口

答案：AC（变电《安规》7.5.5）

【填空题】若室外配电装置的大部分设备停电，只有个别地点保留有带电设备而其他设备无触及带电导体的可能时，可以在_____四周装设全封闭围栏。

答案：带电设备（变电《安规》7.5.5）

【问答题】在室外高压设备上工作，对装设围栏和悬挂标示牌有哪些具体要求？

答案：① 在工作地点四周装设围栏，其出入口要围至临近道路旁边，并设有"从此进出！"的标示牌；② 工作地点四周围栏上悬挂适当数量的"止步，高压危险！"的标示牌，标示牌应朝围栏里面；③ 若室外配电装置的大部分设备停电，只有个别地点保留有带电设备而其他设备无触及带电导体的可能时，可以在带电

设备四周装设全封闭围栏，围栏上悬挂适当数量的"止步，高压危险！"标示牌，标示牌应朝向围栏外面；④ 禁止越过围栏。

（变电《安规》7.5.5）

7.5.6 在工作地点设置"在此工作！"的标示牌。

【单选题】在工作地点应设置（   ）的标示牌。

A."禁止分闸！"

B."在此工作！"

C."禁止合闸，线路有人工作！"

D."禁止操作，有人工作！"

答案：B（变电《安规》7.5.6）

7.5.7 在室外构架上工作，则应在工作地点邻近带电部分的横梁上，悬挂"止步，高压危险！"的标示牌。在作业人员上下铁架或梯子上，应悬挂"从此上下！"的标示牌。在邻近其他可能误登的带电构架上，应悬挂"禁止攀登，高压危险！"的标示牌。

【单选题】在室外构架上进行高压设备工作，在邻近其他可能误登的带电构架上，应悬挂（   ）的标示牌。

A."禁止攀登，高压危险！"　　B."在此工作！"

C."止步，高压危险！"　　　　D."从此上下！"

答案：A（变电《安规》7.5.7）

【单选题】在室外构架上进行高压设备工作，则应在工作地点邻近带电部分的横梁上，悬挂（   ）的标示牌。

A."禁止攀登，高压危险！"　　B."在此工作！"

C."止步，高压危险！"　　　　D."从此上下！"

答案：C（变电《安规》7.5.7）

【判断题】在室外构架上工作，在邻近其他可能误登的带电构架上，应悬挂"止步，高压危险！"的标示牌。

答案：错误（变电《安规》7.5.7）

7.5.8 禁止作业人员擅自移动或拆除遮栏（围栏）、标示牌。因工作原因必须短时移动或拆除遮栏（围栏）、标示牌，应征得工作许可人同意，并在工作负责人的监护下进行。完毕后应立即恢复。

【单选题】因工作原因必须短时移动或拆除遮栏（围栏）、标示牌，应征得（　　　）同意，并在工作负责人的监护下进行。

A. 工作负责人　　　　　　B. 专责监护人

C. 工作票签发人　　　　　D. 工作许可人

答案：D（变电《安规》7.5.8）

【判断题】因工作原因必须短时移动或拆除遮栏（围栏）、标示牌，应征得工作负责人同意，并在工作监护人的监护下进行。

答案：错误（变电《安规》7.5.8）

【填空题】因工作原因必须短时移动或拆除遮栏（围栏）、标示牌，应征得_____同意，并在工作监护人的监护下进行。

答案：工作许可人（变电《安规》7.5.8）

8 线路作业时变电站和发电厂的安全措施

8.1 线路的停、送电均应按照值班调控人员或线路工作许可人的指令执行。禁止约时停、送电。停电时，应先将该线路可能来电的所有断路器（开关）、线路隔离开关（刀闸）、母线隔离开关（刀闸）全部拉开，手车开关应拉至试验或检修位置，验明确无电压后，在线路上所有可能来电的各端装设接地线或合上接地刀闸（装置）。在线路断路器（开关）和隔离开关（刀闸）操作把手上或机构箱门锁把手上均应悬挂"禁止合闸，线路有人工作！"的标示牌，在显示屏上断路器（开关）或隔离开关（刀闸）的操作处应设置"禁止合闸，线路有人工作！"的标记。

【单选题】线路的停、送电均应按照（　　　）或线路工作许可人的指令执行。禁止约时停、送电。

A. 值班调控人员　　　　　B. 运维人员

C. 线路工作负责人　　　　D. 专责监护人

答案：A（变电《安规》8.2）

8.2 值班调控人员或线路工作许可人应将线路停电检修的工作班组数目、工作负责人姓名、工作地点和工作任务做好记录。

工作结束时，应得到工作负责人（包括用户）的工作结束报告，确认所有工作班组均已竣工，接地线已拆除，作业人员已全部撤离线路，与记录核对无误并做好记录后，方可下令拆除变电站或发电厂内的安全措施，向线路送电。

【多选题】工作结束时，应得到工作负责人（包括用户）的工作结束报告，确认（　　　），方可下令拆除变电站或发电厂内的安全措施，向线路送电。

A. 所有工作班组均已竣工

B. 接地线已拆除

C. 作业人员已全部撤离线路

D. 与记录核对无误并做好记录

答案：ABCD（变电《安规》8.2）

【问答题】工作结束时，应得到工作负责人（包括用户）的工作结束报告，确认哪些内容后方可下令拆除变电站或发电厂内的安全措施，向线路送电？

答案：① 所有工作班组均已竣工；② 接地线已拆除；③ 作业人员已全部撤离线路；④ 与记录核对无误并做好记录。

（变电《安规》8.2）

10 发电机、同期调相机和高压电动机的检修、维护工作

10.1 检修发电机、同期调相机和高压电动机应填用变电站（发电厂）第一种工作票。

【单选题】检修发电机、同期调相机和高压电动机应填用（　　）工作票。

A. 机械

B. 变电站（发电厂）第二种

C. 变电站（发电厂）第一种

D. 动火

答案：C（变电《安规》10.1）

【判断题】检修发电机、同期调相机和高压电动机应填用变电站（发电厂）第一种工作票。

答案：正确（变电《安规》10.1）

【填空题】检修发电机、同期调相机和高压电动机应填用变电站（发电厂）＿＿＿＿＿。

答案：第一种工作票（变电《安规》10.1）

10.2 发电厂主要机组（锅炉、汽机、燃机、发电机、水轮机、水泵水轮机）停用检修，只需第一天办理开工手续，以后每天开工时，应由工作负责人检查现场，核对安全措施。检修期间工作票始终由工作负责人保存在工作地点。

在同一机组的几个电动机上依次工作时，可填用一张工作票。

【单选题】发电厂主要机组（锅炉、汽机、燃机、发电机、水轮机、水泵水轮机）停用检修，（　　）办理开工手续，以后每天开工时，应由工作负责人检查现场，核对安全措施。

A. 需每天　　　　　　　　　B. 只需第一天

C. 需提前一天　　　　　　D. 需提前两天

答案：B（变电《安规》10.2）

【单选题】发电厂主要机组（锅炉、汽机、燃机、发电机、水轮机、水泵水轮机）停用检修，只需第一天办理开工手续，以后每天开工时，应由工作负责人检查现场，核对安全措施。检修期间工作票始终由（　　　）保存在工作地点。

A. 工作票签发人　　　　　B. 工作票许可人

C. 工作监护人　　　　　　D. 工作负责人

答案：D（变电《安规》10.2）

【判断题】发电厂主要机组（锅炉、汽机、燃机、发电机、水轮机、水泵水轮机）停用检修，只需第一天办理开工手续，以后每天开工时，应由工作负责人检查现场，核对安全措施。

答案：正确（变电《安规》10.2）

【填空题】发电厂主要机组（锅炉、汽机、燃机、发电机、水轮机、水泵水轮机）停用检修，只需_____办理开工手续，以后每天开工时，应由工作负责人检查现场，核对安全措施。

答案：第一天（变电《安规》10.2）

10.3 检修发电机、同期调相机应做好下列安全措施：

a) 断开发电机、励磁机（励磁变压器）、同期调相机的断路器（开关）和隔离开关（刀闸）。

b) 待发电机和同期调相机完全停止后，在其操作把手、按钮和机组的启动装置、励磁装置、同期并车装置、盘车装置的操作把手上悬挂"禁止合闸，有人工作！"的标示牌。

c) 若本机尚可从其他电源获得励磁电流，则此项电源应断开，并悬挂"禁止合闸，有人工作！"的标示牌。

d) 断开断器（开关）、隔离开关（刀闸）的操作能源。如调相机有启动用的电动机，还应断开此电动机的断路器（开关）和隔离开关（刀闸），并悬挂"禁止合闸，有人工作！"的标示牌。

e) 将电压互感器从高、低压两侧断开。

f) 在发电机和断路器（开关）间或发电机定子三相出口处（引出线）验明无电压后，装设接地线。

g) 检修机组中性点与其他发电机的中性点连在一起的，则在工作前应将检修发电机的中性点分开。

h) 检修机组装有二氧化碳或蒸气灭火装置的，则在风道内工作前，应采取防止灭火装置误动的必要措施。

i) 检修机组装有可以堵塞机内空气流通的自动闸板风门的，应采取措施保证使风门不能关闭，以防窒息。

j) 氢冷机组应关闭至氢气系统的相关阀门、加堵板等隔离措施。

【多选题】检修发电机、同期调相机应断开（　　　）的操作能源。

A. 断路器（开关）　　　　B. 隔离开关（刀闸）

C. 电压互感器　　　　　　D. 电流互感器

答案：AB（变电《安规》10.3）

10.4 转动着的发电机、同期调相机，即使未加励磁，亦应认为有电压。

禁止在转动着的发电机、同期调相机的回路上工作，或用手触摸高压绕组。必须不停机进行紧急修理时，应先将励磁回路切断，投入自动灭磁装置，然后将定子引出线与中性点短路接地，在拆装短路接地线时，应戴绝缘手套，穿绝缘靴或站在绝缘垫上，并戴防护眼镜。

【单选题】（　　　）在转动着的发电机、同期调相机的回路上工作。

A. 禁止　　　　　　　　　B. 经批准可以

C. 经运行人同意可以　　　D. 工作负责人监护下可以

答案：A（变电《安规》10.4）

【单选题】在转动着的发电机、同期调相机的回路上进行紧急修理时，应先将（　　）切断，投入自动灭磁装置，然后将定子引出线与中性点短路接地，在拆装短路接地线时，应戴绝缘手套，穿绝缘靴或站在绝缘垫上，并戴防护眼镜。

A. 励磁回路　B. 电源回路　C. 电流回路　D. 高压绕组

答案：A（变电《安规》10.4）

【多选题】下列关于转动着的发电机、同期调相机相关内容说法正确的是（　　）。

A. 转动着的发电机、同期调相机，即使未加励磁，亦应认为有电压

B. 禁止在转动着的发电机、同期调相机的回路上工作，或用手触摸高压绕组

C. 必须不停机进行紧急修理时，应先将励磁回路切断，投入自动灭磁装置，然后将定子引出线与中性点短路接地，在拆装短路接地线时，应戴绝缘手套，穿绝缘靴或站在绝缘垫上，并戴防护眼镜

D. 以上说法都对

答案：ABCD（变电《安规》10.4）

【判断题】转动着的发电机、同期调相机，只要未加励磁，即可认为无电压。

答案：错误（变电《安规》10.4）

【填空题】_____在转动着的发电机、同期调相机的回路上工作，或用手触摸高压绕组。

答案：禁止（变电《安规》10.4）

【问答题】在发电机、同期调相机上工作的注意事项？

答案：① 转动着的发电机、同期调相机，即使未加励磁，亦应认为有电压；② 禁止在转动着的发电机、同期调相机的回路上工作，或用手触摸高压绕组；③ 必须不停机进行紧急修理时，应先将励磁回路切断，投入自动灭磁装置，然后将定子引出线与中

性点短路接地，在拆装短路接地线时，应戴缘绝手套，穿绝缘靴或站在绝缘垫上，并戴防护眼镜。

（变电《安规》10.4）

10.5 测量轴电压和在转动着的发电机上用电压表测量转子绝缘的工作，应使用专用电刷，电刷上应装有 300mm 以上的绝缘柄。

【单选题】测量轴电压和在转动着的发电机上用电压表测量转子绝缘的工作，应使用专用电刷，电刷上应装有（   ）mm 以上的绝缘柄。

A. 300　　　B. 280　　　C. 250　　　D. 220

答案：A（变电《安规》10.5）

【判断题】测量轴电压和在转动着的发电机上用电压表测量转子绝缘的工作，应使用专用电刷，电刷上应装有 200mm 以上的绝缘柄。

答案：错误（变电《安规》10.5）

【填空题】测量轴电压和在转动着的发电机上用电压表测量转子绝缘的工作，应使用专用电刷，电刷上应装有_____mm 以上的绝缘柄。

答案：300（变电《安规》10.5）

10.6 在转动着的电机上调整、清扫电刷及滑环时，应由有经验的电工担任，并遵守下列规定：

a) 作业人员应特别小心，不使衣服及擦拭材料被机器挂住，扣紧袖口，发辫应放在帽内。

b) 工作时站在绝缘垫上（该绝缘垫为常设固定型绝缘垫），不得同时接触两极或一极与接地部分，也不能两人同时进行工作。

【单选题】在转动着的电机上调整、清扫电刷及滑环时，应由（   ）担任。

A. 工作监护人　　　　　　B. 有经验的电工
C. 工作班成员　　　　　　D. 工作负责人

答案：B（变电《安规》10.6）

【多选题】在转动着的电机上调整、清扫电刷及滑环时应遵守的规定有（　　）。

A. 作业人员应特别小心，不使衣服及擦拭材料被机器挂住，扣紧袖口，发辫应放在帽内

B. 工作时站在绝缘垫上（该绝缘垫为常设固定型绝缘垫）

C. 不得同时接触两极或一极与接地部分，也不能两人同时进行工作

D. 以上说法都对

答案：ABCD（变电《安规》10.6）

【简答题】在转动着的电机上调整、清扫电刷及滑环时，应遵守哪些规定？

答案：① 应由有经验的电工担任；② 作业人员应特别小心，不使衣服及擦拭材料被机器挂住，扣紧袖口，发辫应放在帽内；③ 工作时站在绝缘垫上（该绝缘垫为常设固定型绝缘垫），不得同时接触两极或一极与接地部分，也不能两人同时进行工作。

（变电《安规》10.6）

10.7 检修高压电动机及其附属装置（如启动装置、变频装置。下同）时，应做好下列安全措施：

a) 断开电源断路器（开关）、隔离开关（刀闸），经验明确无电压后装设接地线或在隔离开关（刀闸）间装绝缘隔板；手车开关应拉至试验或检修位置。

b) 在断路器（开关）、隔离开关（刀闸）操作把手上悬挂"禁止合闸，有人工作！"的标示牌。

c) 拆开后的电缆头应三相短路接地。

d) 做好防止被其带动的机械（如水泵、空气压缩机、引风机等）引起电动机转动的措施，并在阀门（风门）上悬挂"禁止合闸，有人工作！"的标示牌。

【多选题】检修高压电动机及其附属装置（如启动装置、变频装置）时，应做好下列哪些安全措施？（　　　）

A. 断开电源断路器（开关）、隔离开关（刀闸），经验明确无电压后装设接地线或在隔离开关（刀闸）间装绝缘隔板；手车开关应拉至试验或检修位置

B. 在断路器（开关）、隔离开关（刀闸）操作把手上悬挂"禁止合闸，有人工作！"的标示牌

C. 拆开后的电缆头应三相短路接地

D. 做好防止被其带动的机械（如水泵、空气压缩机、引风机等）引起电动机转动的措施，并在阀门（风门）上悬挂"禁止合闸，有人工作！"的标示牌

答案：ABCD（变电《安规》10.7）

【简答题】检修高压电动机及其附属装置（如启动装置、变频装置。下同）时，应做好哪些安全措施？

答案：① 断开电源断路器（开关）、隔离开关（刀闸），经验明确无电压后装设接地线或在隔离开关（刀闸）间装绝缘隔板；手车开关应拉至试验或检修位置；② 在断路器（开关）、隔离开关（刀闸）操作把手上悬挂"禁止合闸，有人工作！"的标示牌；③ 拆开后的电缆头应三相短路接地；④ 做好防止被其带动的机械（如水泵、空气压缩机、引风机等）引起电动机转动的措施，并在阀门（风门）上悬挂"禁止合闸，有人工作！"的标示牌。（变电《安规》10.7）

10.8 禁止在转动着的高压电动机及其附属装置回路上进行工作。必须在转动着的电动机转子电阻回路上进行工作时，应先提起碳刷或将电阻完全切除。工作时要戴绝缘手套或使用有绝缘把手的工具，穿绝缘靴或站在绝缘垫上。

【单选题】（　　　）在转动着的高压电动机及其附属装置回路上进行工作。

A. 禁止　　　　　　　　B. 经批准可以

C. 经运行人员同意可以　　　　D. 工作负责人监护下可以

答案：A（变电《安规》10.8）

【单选题】必须在转动着的电动机转子电阻回路上进行工作时，应先提起碳刷或将（　　）完全切除。

A. 电源　　　B. 碳刷　　　C. 电流　　　　D. 电阻

答案：D（变电《安规》10.8）

【多选题】下列关于在转动着的高压电动机及其附属装置回路上进行工作的说法正确的是（　　）。

A. 禁止在转动着的高压电动机及其附属装置回路上进行工作

B. 必须在转动着的电动机转子电阻回路上进行工作时，应先提起碳刷或将电阻完全切除

C. 工作时要戴绝缘手套或使用有绝缘把手的工具，穿绝缘靴或站在绝缘垫上

D. 以上说法都不对

答案：ABC（变电《安规》10.8）

【判断题】禁止在转动着的高压电动机及其附属装置回路上进行工作。

答案：正确（变电《安规》10.8）

【填空题】_____在转动着的高压电动机及其附属装置回路上进行工作。

答案：禁止（变电《安规》10.8）

10.9 电动机的引出线和电缆头以及外露的转动部分均应装设牢固的遮栏或护罩。

【单选题】电动机的引出线和电缆头以及外露的转动部分均应装设（　　）或护罩。

A. 遮栏　　　　　　　　　　B. 牢固的遮栏

C. 临时遮栏　　　　　　　　D. 标示牌

答案：B（变电《安规》10.9）

【单选题】电动机的引出线和电缆头以及外露的转动部分均应装设牢固的遮栏或（　　　）。

A. 标示牌　　　　　　　　　B. 临时围栏

C. 护罩　　　　　　　　　　D. 围栏

答案：C（变电《安规》10.9）

【判断题】电动机的引出线和电缆头以及外露的转动部分均应装设牢固的遮栏或护罩。

答案：正确（变电《安规》10.9）

【填空题】电动机的引出线和电缆头以及外露的转动部分均应装设_____。

答案：牢固的遮栏或护罩（变电《安规》10.9）

10.10　电动机及附属装置的外壳均应接地。禁止在转动中的电动机的接地线上进行工作。

【单选题】电动机及附属装置的外壳均应（　　　）。

A. 验电　　　　　　　　　　B. 接地

C. 设置遮栏　　　　　　　　D. 安装警示牌

答案：B（变电《安规》10.10）

【判断题】电动机及附属装置的外壳不能接地。

答案：错误（变电《安规》10.10）

【填空题】_____在转动中的电动机的接地线上进行工作。

答案：禁止（变电《安规》10.10）

10.11　工作尚未全部终结，而需送电试验电动机或附属装置时，应收回全部工作票并通知有关机械部分检修人员后，方可送电。

【单选题】发电机、同期调相机和高压电动机的检修、维护工作尚未全部终结，而需送电试验电动机或附属装置时，应收回全部工作票并通知（　　　）后，方可送电。

A. 有关电气工作检修人员　　B. 工作许可人

C. 工作班成员　　　　　　　D. 有关机械部分检修人员

答案：D（变电《安规》10.11）

【判断题】发电机、同期调相机和高压电动机的检修、维护工作尚未全部终结，而需送电试验电动机或附属装置时，应收回全部工作票后，即可送电。

答案：错误（变电《安规》10.11）

11 在六氟化硫（SF₆）电气设备上的工作

11.1 装有 SF_6 设备的配电装置室和 SF_6 气体实验室,应装设强力通风装置,风口应设置在室内底部,排风口不应朝向居民住宅或行人。

【单选题】装有 SF_6 设备的配电装置室和 SF_6 气体实验室,应装设（　　）通风装置。

A. 自然　　　　B. 小型　　　　C. 强力　　　　D. 空调

答案：C（变电《安规》11.1）

【多选题】装有 SF_6 设备的配电装置室和 SF_6 气体实验室,应（　　）。

A. 装设强力通风装置

B. 风口应设置在室内底部

C. 排风口不应朝向居民住宅

D. 排风口不应朝向行人

答案：ABCD（变电《安规》11.1）

【判断题】装有 SF_6 设备的配电装置室和 SF_6 气体实验室,应装设强力通风装置,风口应设置在室内底部,排风口可以朝向居民住宅或行人。

答案：错误（变电《安规》11.1）

【填空题】装有 SF_6 设备的配电装置室和 SF_6 气体实验室,应装设强力通风装置,风口应设置在室内_____,排风口不应朝向居民住宅或行人。

答案：底部（变电《安规》11.1）

【简答题】装有 SF_6 设备的配电装置室和 SF_6 气体实验室,对其通风装置的设置有何要求?

答案：装有 SF_6 设备的配电装置室和 SF_6 气体实验室,应装设强力通风装置，风口应设置在室内底部，排风口不应朝向居民住宅或行人。

（变电《安规》11.1）

11.2 在室内，设备充装 SF_6 气体时，周围环境相对湿度应不大于80%，同时应开启通风系统，并避免 SF_6 气体泄漏到工作区。工作区空气中 SF_6 气体含量不得超过 1000μL/L（即 1000ppm）。

【单选题】在室内，设备充装 SF_6 气体时，周围环境相对湿度应不大于（　　），同时应开启通风系统，并避免 SF_6 气体泄漏到工作区。

A. 80%　　　B. 85%　　　C. 90%　　　D. 95%

答案：A（变电《安规》11.2）

【单选题】在室内，设备充装 SF_6 气体时，周围环境相对湿度应不大于80%，同时应开启（　　）系统，并避免 SF_6 气体泄漏到工作区。

A. 空调　　　B. 通风　　　C. 消防　　　D. 渗漏报警

答案：B（变电《安规》11.2）

【单选题】在室内，设备充装 SF_6 气体时，周围环境相对湿度应不大于80%，同时应开启通风系统，并避免 SF_6 气体泄漏到工作区。工作区空气中 SF_6 气体含量不得超过（　　）μL/L。

A. 800　　　B. 900　　　C. 1100　　　D. 1000

答案：D（变电《安规》11.2）

【多选题】在室内，设备充装 SF_6 气体时，应符合下列要求（　　）。

A. 周围环境相对湿度应不大于80%

B. 周围环境相对湿度应不大于90%

C. 开启通风系统

D. 避免 SF_6 气体泄漏到工作区

答案：ACD（变电《安规》11.2）

【判断题】在室内，设备充装 SF_6 气体时，周围环境相对湿度应不大于 90%，同时应开启通风系统，并避免 SF$_6$ 气体泄漏到工作区。

答案：错误（变电《安规》11.2）

11.3 主控制室与 SF$_6$ 配电装置室间要采取气密性隔离措施。SF$_6$ 配电装置室与其下方电缆层、电缆隧道相通的孔洞都应封堵。SF$_6$ 配电装置室及下方电缆层隧道的门上，应设置"注意通风"的标志。

【单选题】主控制室与 SF$_6$ 配电装置室间要采取（　　）隔离措施。

A. 绝缘性　　　B. 防水性　　　C. 气密性　　　D. 阻燃性

答案：C（变电《安规》11.3）

【单选题】SF$_6$ 配电装置室及下方电缆层隧道的门上，应设置（　　）的标志。

A. "注意通风"　　　　　　　B. "注意安全"
C. "小心烫伤"　　　　　　　D. "必须戴防尘口罩"

答案：A（变电《安规》11.3）

【判断题】SF$_6$ 配电装置室与其下方电缆层、电缆隧道相通的孔洞都应保持畅通。

答案：错误（变电《安规》11.3）

【填空题】SF$_6$ 配电装置室与其下方电缆层、电缆隧道相通的孔洞都应_____。

答案：封堵（变电《安规》11.3）

11.4 SF$_6$ 配电装置室、电缆层（隧道）的排风机电源开关应设置在门外。

【单选题】SF$_6$ 配电装置室、电缆层（隧道）的排风机电源开关应设置在（　　）。

A. 门外　　　　　　　　　　B. 门内
C. 室内靠门处　　　　　　　D. 控制室

答案：A（变电《安规》11.4）

【判断题】SF_6配电装置室、电缆层（隧道）的排风机电源开关应设置在门内。

答案：错误（变电《安规》11.4）

【填空题】SF_6配电装置室、电缆层（隧道）的排风机电源开关应设置在_____。

答案：门外（变电《安规》11.4）

11.5 在SF_6配电装置室低位区应安装能报警的氧量仪和SF_6气体泄漏报警仪，在工作人员入口处应装设显示器。上述仪器应定期检验，保证完好。

【单选题】在 SF_6配电装置室低位区应安装能报警的氧量仪和 SF_6气体泄漏报警仪，在工作人员（　　　）应装设显示器。

A. 近旁　　　　　　　　　B. 入口处

C. 工作处　　　　　　　　D. 能看到的地方

答案：B（变电《安规》11.5）

【单选题】在SF_6配电装置室低位区应安装能报警的（　　　）和 SF_6气体泄漏报警仪。

A. 温度仪　　　B. 湿度仪　　　C. 测试仪　　　D. 氧量仪

答案：D（变电《安规》11.5）

【多选题】在SF_6配电装置室低位区应安装能报警的(　　　)。

A. 氧量仪　　　　　　　　B. SF_6气体泄漏报警仪

C. 温度计　　　　　　　　D. 湿度计

答案：AB（变电《安规》11.5）

【判断题】在 SF_6配电装置室低位区应安装能报警的氧量仪和 SF_6气体泄漏报警仪，在工作人员入口处应装设显示器。

答案：正确（变电《安规》11.5）

【填空题】在 SF_6配电装置室低位区应安装能报警的_____和SF_6气体泄漏报警仪，在工作人员入口处应装设显示器。

答案：氧量仪（变电《安规》11.5）

11.6 工作人员进入SF_6配电装置室，入口处若无SF_6气体含量显示器，应先通风 15min，并用检漏仪测量 SF_6 气体含量合格。尽量避免一人进入 SF_6 配电装置室进行巡视，不准一人进入从事检修工作。

【单选题】工作人员进入 SF_6 配电装置室，入口处若无 SF_6 气体含量显示器，应先通风（　　）min，并用检漏仪测量 SF_6 气体含量合格。

A. 1　　　　　B. 5　　　　　C. 10　　　　　D. 15

答案：D（变电《安规》11.6）

【多选题】工作人员进入 SF_6 配电装置室，入口处若无 SF_6 气体含量显示器，应（　　）。

A. 先通风 15min

B. 用检漏仪测量 SF_6 气体含量合格

C. 先通风 10min

D. 佩戴正压式空气呼吸器才准进入

答案：AB（变电《安规》11.6）

【判断题】尽量避免一人进入 SF_6 配电装置室进行巡视或从事检修工作。

答案：错误（变电《安规》11.6）

【填空题】尽量避免一人进入 SF_6 配电装置室进行巡视，_____一人进入从事检修工作。

答案：不准（变电《安规》11.6）

11.7 工作人员不准在 SF_6 设备防爆膜附近停留。若在巡视中发现异常情况，应立即报告，查明原因，采取有效措施进行处理。

【单选题】工作人员不准在 SF_6 设备防爆膜附近停留。若在巡视中发现异常情况，应（　　）。

A. 立即报告　B. 自行处理　C. 立即撤离　D. 继续巡视

答案：A（变电《安规》11.7）

【多选题】工作人员不准在 SF_6 设备防爆膜附近停留。若在巡视中发现异常情况，应（　　）。

A. 立即报告　　　　　　　　B. 查明原因

C. 立即停电处理　　　　　　D. 采取有效措施进行处理

答案：ABD（变电《安规》11.7）

【判断题】工作人员不准在SF_6设备防爆膜附近停留。若在巡视中发现异常情况，无需报告立即撤离。

答案：错误（变电《安规》11.7）

【填空题】工作人员不准在SF_6设备防爆膜附近停留。若在巡视中发现异常情况，应_____，查明原因，采取有效措施进行处理。

答案：立即报告（变电《安规》11.7）

11.8 进入SF_6配电装置低位区或电缆沟进行工作，应先检测含氧量（不低于18%）和SF_6气体含量是否合格。

【单选题】进入SF_6配电装置低位区或电缆沟进行工作，应先检测（　　）和SF_6气体含量是否合格。

A. 含氧量（不低于18%）　　B. 可燃气体含量

C. CO_2气体含量　　　　　　D. 含氧量（不低于8%）

答案：A（变电《安规》11.8）

【多选题】进入SF_6配电装置低位区或电缆沟进行工作，应先检测（　　）是否合格。

A. 含氧量（不低于18%）　　B. 可燃气体含量

C. CO_2气体含量　　　　　　D. SF_6气体含量

答案：AD（变电《安规》11.8）

【判断题】进入SF_6配电装置低位区或电缆沟进行工作，应先检测含氧量（不低于18%）和SF_6气体含量是否合格。

答案：正确（变电《安规》11.8）

【填空题】进入SF_6配电装置低位区或电缆沟进行工作，应先检测含氧量不低于_____和SF_6气体含量是否合格。

答案：18%（变电《安规》11.8）

11.9 在打开的SF_6电气设备上工作的人员，应经专门的安全技术知识培训，配置和使用必要的安全防护用具。

【单选题】在打开的 SF_6 电气设备上工作的人员,应经专门的安全技术知识培训,配置和使用必要的(　　　)。

A. 绝缘工具　　　　　　　　B. 工器具
C. 安全防护用具　　　　　　D. 专用工具

答案:C(变电《安规》11.9)

【多选题】在打开的 SF_6 电气设备上工作的人员,应(　　　)。

A. 经专门的安全技术知识培训

B. 配置必要的安全防护用具

C. 戴布手套

D. 使用必要的安全防护用具

答案:ABD(变电《安规》11.9)

【判断题】在打开的 SF_6 电气设备上工作的人员,应经一般的安全技术知识培训,配置和使用必要的安全防护用具。

答案:错误(变电《安规》11.9)

【填空题】在打开的 SF_6 电气设备上工作的人员,应经专门的安全技术知识培训,配置和使用必要的_____。

答案:安全防护用具(变电《安规》11.9)

11.10　设备解体检修前,应对 SF_6 气体进行检验。根据有毒气体的含量,采取安全防护措施。检修人员需穿着防护服并根据需要佩戴防毒面具或正压式空气呼吸器。打开设备封盖后,现场所有人员应暂离现场 30min。取出吸附剂和清除粉尘时,检修人员应戴防毒面具或正压式空气呼吸器和防护手套。

【单选题】SF_6 设备解体检修,打开设备封盖后,现场所有人员应暂离现场(　　　)min。

A. 30　　　　B. 20　　　　C. 15　　　　D. 10

答案:A(变电《安规》11.10)

【多选题】设备解体检修前,应对 SF_6 气体进行检验。根据有毒气体的含量,采取安全防护措施。检修人员需穿着防护服并根据需要佩戴(　　　)或(　　　)。

A. 防护眼镜 B. 防毒面具
C. 正压式空气呼吸器 D. 呼吸器
答案：BC（变电《安规》11.10）

【判断题】SF$_6$设备解体检修，取出吸附剂和清除粉尘时，检修人员应戴口罩和防护手套。

答案：错误（变电《安规》11.10）

【填空题】设备解体检修前，应对 SF$_6$ 气体进行检验。根据有毒气体的含量，采取安全防护措施。检修人员需穿着防护服并根据需要佩戴_____或_____和防护手套。

答案：防毒面具；正压式空气呼吸器（变电《安规》11.10）

【简答题】SF$_6$设备解体检修工作的安全要求有哪些？

答案：设备解体检修前，应对 SF$_6$ 气体进行检验。根据有毒气体的含量，采取安全防护措施。检修人员需穿着防护服并根据需要佩戴防毒面具或正压式空气呼吸器。打开设备封盖后，现场所有人员应暂离现场 30min。取出吸附剂和清除粉尘时，检修人员应戴防毒面具或正压式空气呼吸器和防护手套。

（变电《安规》11.10）

11.11 设备内的 SF$_6$ 气体不准向大气排放，应采取净化装置回收，经处理检测合格后方准再使用。回收时，作业人员应站在上风侧。

设备抽真空后，用高纯度氮气冲洗 3 次［压力为 9.8×10^4Pa（1 个大气压）］。将清出的吸附剂、金属粉末等废物放入 20%氢氧化钠水溶液中浸泡 12h 后深埋。

【单选题】设备内的 SF$_6$ 气体不准向大气排放，应采取净化装置回收，经处理检测合格后方准再使用。回收时，作业人员应站在（　　）。

A. 下风侧 B. 上风侧 C. 高处 D. 绝缘垫
答案：B（变电《安规》11.11）

【多选题】设备内的 SF$_6$ 气体不准向大气排放，应（　　）。
A. 采取净化装置回收

B. 直接回收使用

C. 经处理检测合格后方准再使用

答案：AC（变电《安规》11.11）

【判断题】设备内的 SF_6 气体可以向大气排放，不必采取净化装置回收。

答案：错误（变电《安规》11.11）

【判断题】设备内的 SF_6 气体应采取净化装置回收，经处理检测合格后方准再使用。回收时作业人员应站在下风侧。

答案：错误（变电《安规》11.11）

【填空题】设备抽真空后，用高纯度_____冲洗 3 次［压力为 $9.8×10^4Pa$（1 个大气压）］。将清出的吸附剂、金属粉末等废物放入 20%氢氧化钠水溶液中浸泡 12h 后深埋。

答案：氮气（变电《安规》11.11）

11.12 从 SF_6 气体钢瓶引出气体时，应使用减压阀降压。当瓶内压力降至 $9.8×10^4Pa$（1 个大气压）时，即停止引出气体，并关紧气瓶阀门，盖上瓶帽。

【单选题】从 SF_6 气体钢瓶引出气体时，应使用减压阀降压。当瓶内压力降至 $9.8×10^4Pa$（1 个大气压）时，即（　　　　）。

A. 停止引出气体

B. 继续引出气体

C. 晃动气瓶使气压上升继续引出气体

D. 用温水加热气瓶，使气压上升继续引出气体

答案：A（变电《安规》11.12）

【多选题】从 SF_6 气体钢瓶引出气体时，应使用减压阀降压。当瓶内压力降至 $9.8×10^4Pa$（1 个大气压）时，即（　　　　）。

A. 停止引出气体　　　　　　B. 拆除减压阀

C. 关紧气瓶阀门　　　　　　D. 盖上瓶帽

答案：ACD（变电《安规》11.12）

【判断题】从 SF_6 气体钢瓶引出气体时，应使用减压阀降压。

答案：正确（变电《安规》11.12）

【填空题】从 SF_6 气体钢瓶引出气体时，应使用_____降压。

答案：减压阀（变电《安规》11.12）

11.13 SF_6 配电装置发生大量泄漏等紧急情况时，人员应迅速撤出现场，开启所有排风机进行排风。未佩戴防毒面具或正压式空气呼吸器人员禁止入内。只有经过充分的自然排风或强制排风，并用检漏仪测量 SF_6 气体合格，用仪器检测含氧量（不低于 18%）合格后，人员才准进入。发生设备防爆膜破裂时，应停电处理，并用汽油或丙酮擦拭干净。

【单选题】SF_6 配电装置发生大量泄漏等紧急情况时，未佩戴
（   ）人员禁止入内。

A. 防毒面具或正压式空气呼吸器

B. 防护眼镜

C. 口罩

D. 绝缘手套

答案：A（变电《安规》11.13）

【单选题】SF_6 配电装置发生大量泄漏等紧急情况时，人员应迅速（   ），开启所有排风机进行排风。

A. 戴呼吸器　　　　　　　　B. 撤出现场

C. 堵住泄漏点　　　　　　　D. 向领导汇报

答案：B（变电《安规》11.13）

【多选题】SF_6 设备防爆膜破裂时，应停电处理，并用（   ）擦拭干净。

A. 汽油　　　　B. 肥皂水　　　C. 清水　　　　D. 丙酮

答案：AD（变电《安规》11.13）

【填空题】SF_6 配电装置发生防爆膜破裂时，应_____处理，并用汽油或丙酮擦拭干净。

答案：停电（变电《安规》11.13）

【问答题】SF_6 配电装置发生大量泄漏等紧急情况时，应如何

处理？

答案：SF_6 配电装置发生大量泄漏等紧急情况时，人员应迅速撤出现场，开启所有排风机进行排风。未佩戴防毒面具或正压式空气呼吸器人员禁止入内。只有经过充分的自然排风或强制排风，并用检漏仪测量 SF_6 气体合格，用仪器检测含氧量（不低于18%）合格后，人员才准进入。发生设备防爆膜破裂时，应停电处理，并用汽油或丙酮擦拭干净。

（变电《安规》11.13）

11.14 进行气体采样和处理一般渗漏时，要戴防毒面具或正压式空气呼吸器并进行通风。

【单选题】进行 SF_6 气体采样和处理一般渗漏时，要戴(　　)或正压式空气呼吸器并进行通风。

A. 安全帽　　　B. 口罩　　　C. 防毒面具　　D. 绝缘手套

答案：C（变电《安规》11.14）

【判断题】进行 SF_6 气体采样和处理一般渗漏时，无须戴防毒面具或通风。

答案：错误（变电《安规》11.14）

11.15 SF_6 断路器（开关）进行操作时，禁止检修人员在其外壳上进行工作。

【判断题】SF_6 断路器（开关）进行操作时，禁止检修人员在其外壳上进行工作。

答案：正确（变电《安规》11.15）

【填空题】SF_6 断路器（开关）进行操作时，_____检修人员在其外壳上进行工作。

答案：禁止（变电《安规》11.15）

11.16 检修结束后，检修人员应洗澡，把用过的工器具、防护用具清洗干净。

【单选题】SF_6 设备检修结束后，检修人员应洗澡，把用过的工器具、防护用具(　　)。

A. 放回原处　B. 清洗干净　C. 深埋处理　D. 直接丢弃

答案：B（变电《安规》11.16）

【多选题】SF_6设备检修结束后，检修人员应（　　）。

A. 洗澡

B. 把用过的工器具清洗干净

C. 把用过的防护用具清洗干净

D. 立即把工器具放回原处

答案：ABC（变电《安规》11.16）

【判断题】SF_6设备检修结束后，检修人员应洗澡，把用过的工器具、防护用具妥善保管。

答案：错误（变电《安规》11.16）

【填空题】SF_6设备检修结束后，检修人员应洗澡，把用过的工器具、防护用具_____干净。

答案：清洗（变电《安规》11.16）

11.17　SF_6气瓶应放置在阴凉干燥、通风良好、敞开的专门场所，直立保存，并应远离热源和油污的地方，防潮、防阳光暴晒，并不得有水分或油污粘在阀门上。

搬运时，应轻装轻卸。

【单选题】SF_6气瓶应放置在阴凉干燥、通风良好、敞开的专门场所，直立保存，并应远离热源和油污的地方，防潮、防(　　)，并不得有水分或油污粘在阀门上。

A. 小动物　　B. 虫　　　　C. 风　　　　D. 阳光暴晒

答案：D（变电《安规》11.17）

【多选题】SF_6气瓶应放置在(　　)的专门场所，直立保存，并应远离热源和油污的地方。

A. 阴凉干燥　B. 通风良好　C. 敞开　　　D. 密闭

答案：ABC（变电《安规》11.17）

【判断题】SF_6气瓶搬运时，应轻装轻卸。

答案：正确（变电《安规》11.17）

【问答题】SF_6 气瓶存放与搬运要求?

答案: ① SF_6 气瓶应放置在阴凉干燥、通风良好、敞开的专门场所,直立保存; ② 应存放在远离热源和油污的地方,防潮、防阳光暴晒; ③ 不得有水分或油污粘在阀门上; ④ 搬运时,应轻装轻卸。

(变电《安规》11.17)

12 在低压配电装置和低压导线上的工作

12.1 低压配电盘、配电箱和电源干线上的工作，应填用变电站（发电厂）第二种工作票。

在低压电动机和在不可能触及高压设备、二次系统的照明回路上工作可不填用工作票，但应做好相应记录，该工作至少由两人进行。

【单选题】在低压配电盘、配电箱和电源干线上的工作，应填用（　　　）。

A. 变电站（发电厂）第一种工作票

B. 变电站（发电厂）第二种工作票

C. 变电站（发电厂）带电作业工作票

D. 工作任务单

答案：B（变电《安规》12.1）

【单选题】低压配电盘、（　　　）和电源干线上的工作，应填用变电站（发电厂）第二种工作票。

A. 发电机定子　　　　　　B. 配电箱

C. 高压开关　　　　　　　D. 以上均不对

答案：B（变电《安规》12.1）

【单选题】在低压电动机和在不可能触及高压设备、二次系统的（　　　）回路上工作可不填用工作票，但应做好相应记录，该工作至少由两人进行。

A. 保护　　　B. 照明　　　C. 信号　　　D. 控制

答案：B（变电《安规》12.1）

【多选题】应填用变电站（发电厂）第二种工作票的工作有（　　　）。

A. 低压配电盘上的工作

B. 在二次系统的照明回路上工作

C. 低压配电箱和电源干线上的工作

D. 在高压电动机上工作

答案：AC（变电《安规》12.1）

【判断题】在低压电动机和在不可能触及高压设备、二次系统的照明回路上工作可不填用工作票，但应做好相应记录，该工作至少由两人进行。

答案：正确（变电《安规》12.1）

【填空题】在低压电动机和在不可能触及高压设备、二次系统的_____回路上工作可不填用工作票，但应做好相应记录，该工作至少由两人进行。

答案：照明（变电《安规》12.1）

12.2 低压回路停电的安全措施。

a) 将检修设备的各方面电源断开取下熔断器，在开关或刀开关操作把手上挂"禁止合闸，有人工作！"的标示牌。

b) 工作前应验电。

c) 根据需要采取其他安全措施。

【单选题】低压回路停电的安全措施：将检修设备的（　　）断开取下熔断器，在开关或刀开关操作把手上挂"禁止合闸，有人工作！"的标示牌。

A. 各方面电源　　　　　　B. 上级电源

C. 主电源　　　　　　　　D. 下级电源

答案：A（变电《安规》12.2）

【单选题】低压回路停电检修时，应将检修设备的各方面电源断开取下熔断器，在开关或刀开关（　　）上挂"禁止合闸，有人工作！"的标示牌。

A. 本体　　B. 外壳　　C. 操作把手　　D. 以上均不对

答案：C（变电《安规》12.2）

【多选题】下列（　　）是低压回路停电的安全措施。

A. 办理第一种工作票

B. 将检修设备的各方面电源断开取下熔断器，在开关或刀开关操作把手上挂"禁止合闸，有人工作！"的标示牌

C. 工作前应验电

D. 根据需要采取其他安全措施

答案：BCD（变电《安规》12.2）

【判断题】低压回路停电检修时，应将检修设备的各方面电源断开取下熔断器，在开关或刀开关操作把手上挂"禁止操作，有人工作！"的标示牌。

答案：错误（变电《安规》12.2）

【填空题】低压回路停电检修时，应将检修设备的各方面电源断开取下熔断器，在开关或刀开关_____上挂"禁止合闸，有人工作！"的标示牌。

答案：操作把手（变电《安规》12.2）

【问答题】低压回路停电的安全措施有哪些？

答案：① 将检修设备的各方面电源断开取下熔断器，在开关或刀开关操作把手上挂"禁止合闸，有人工作！"的标示牌；② 工作前应验电；③ 根据需要采取其他安全措施。

（变电《安规》12.2）

12.3 停电更换熔断器后，恢复操作时，应戴手套和护目眼镜。

【单选题】低压回路停电更换熔断器后，恢复操作时，应戴手套和（　　　）。

A. 口罩　　　B. 耳塞　　　C. 护目眼镜　D. 防毒面具

答案：C（变电《安规》12.3）

【多选题】低压回路停电更换熔断器后，恢复操作时，应戴（　　　）。

A. 手套　　　B. 耳塞　　　C. 护目眼镜　D. 防毒面具

答案：AC（变电《安规》12.3）

【判断题】低压回路停电更换熔断器后，恢复操作时，应戴

手套和护目眼镜。

答案：正确（变电《安规》12.3）

12.4 低压带电工作。

12.4.1 低压带电工作时，应采取遮蔽有电部分等防止相间或接地短路的有效措施；若无法采取遮蔽措施时，则将影响作业的有电设备停电。

【单选题】低压带电工作时，应采取遮蔽（　　　）等防止相间或接地短路的有效措施；若无法采取遮蔽措施时，则将影响作业的有电设备停电。

A. 导体部分　B. 有电部分　C. 停电部分　D. 金属部分

答案：B（变电《安规》12.4.1）

【多选题】低压带电工作时，应（　　　）。

A. 防止相间或接地短路

B. 单独进行

C. 应采取遮蔽有电部分等有效措施

D. 若无法采取遮蔽措施时，则将影响作业的有电设备停电

答案：ACD（变电《安规》12.4.1）

【判断题】低压带电工作时，应采取遮蔽有电部分等防止相间或接地短路的有效措施；若无法采取遮蔽措施时，则将影响作业的有电设备停电。

答案：正确（变电《安规》12.4.1）

【填空题】低压带电工作时，应防止_____或接地短路。

答案：相间（变电《安规》12.4.1）

12.4.2 使用有绝缘柄的工具，其外裸的导电部位应采取绝缘措施，防止操作时相间或相对地短路。低压电气带电工作应戴手套、护目镜，并保持对地绝缘。禁止使用锉刀、金属尺和带有金属物的毛刷、毛掸等工具。

【单选题】使用有绝缘柄的工具，下列说法不正确的是（　　　）。

A. 其外裸的导电部位应采取绝缘措施

B. 应防止操作时开路

C. 应防止操作时相间短路

D. 应防止操作时相对地短路

答案：B（变电《安规》12.4.2）

【单选题】低压电气带电工作，应戴手套、（　　　），并保持对地绝缘。

A. 口罩　　　　B. 护目镜　　C. 耳塞　　　　D. 防毒面具

答案：B（变电《安规》12.4.2）

【多选题】低压电气带电工作，禁止使用（　　　）等工具。

A. 锉刀　　　　　　　　B. 金属尺

C. 带有金属物的毛刷　　D. 带有金属物的毛掸

答案：ABCD（变电《安规》12.4.2）

【判断题】低压电气带电工作应戴手套、护目镜，并保持对地绝缘。禁止使用锉刀、金属尺和带有金属物的毛刷、毛掸等工具。

答案：正确（变电《安规》12.4.2）

【填空题】低压配电装置和低压导线上的工作，使用有绝缘柄的工具，其外裸的导电部位应采取绝缘措施，防止操作时_____或相对地短路。

答案：相间（变电《安规》12.4.2）

12.4.3 作业前，应先分清相线、零线，选好工作位置。断开导线时，应先断开相线，后断开零线。搭接导线时，顺序应相反。

人体不得同时接触两根线头。

【单选题】在低压配电装置和低压导线上作业前，应先分清相线、零线，选好工作位置。断开导线时，应（　　　）。

A. 先断开相线，后断开地线

B. 先断开零线，后断开相线

C. 先断开零线，后断开地线

D. 先断开相线，后断开零线

答案：D（变电《安规》12.4.3）

【多选题】在低压配电装置和低压导线上工作，作业前应先（ ）。

A. 分清相线、零线   B. 分清地线、零线

C. 选好工作位置   D. 分清相线、地线

答案：AC（变电《安规》12.4.3）

【判断题】在低压配电装置和低压导线上工作，作业前，应先分清相线、零线，选好工作位置。搭接导线时，应先搭接相线，后搭接零线。断开导线时，顺序应相反。

答案：错误（变电《安规》12.4.3）

【填空题】在低压配电装置和低压导线上工作，作业前应先分清相线、零线，选好工作位置，人体_____同时接触两根线头。

答案：不得（变电《安规》12.4.3）

13 二次系统上的工作

13.1 下列情况应填用变电站（发电厂）第一种工作票：

a) 在高压室遮栏内或与导电部分小于表1规定的安全距离进行继电保护、安全自动装置和仪表等及其二次回路的检查试验时，需将高压设备停电者。

b) 在高压设备继电保护、安全自动装置和仪表、自动化监控系统等及其二次回路上工作，需将高压设备停电或做安全措施者。

c) 通信系统同继电保护、安全自动装置等复用通道（包括载波、微波、光纤通道等）的检修、联动试验，需将高压设备停电或做安全措施者。

d) 在经继电保护出口跳闸的发电机组热工保护、水车保护及其相关回路上工作，需将高压设备停电或做安全措施者。

【单选题】通信系统同继电保护、安全自动装置等复用通道（包括载波、微波、光纤通道等）的检修、联动试验，需将高压设备停电或做安全措施者，应填用变电站（发电厂）（　　　）。

A. 第一种工作票　　　　　B. 第二种工作票
C. 带电作业工作票　　　　D. 事故紧急抢修单
答案：A（变电《安规》13.1）

【单选题】在经继电保护出口跳闸的发电机组热工保护及其相关回路上工作，需将高压设备停电或做安全措施的工作，应填用变电站（发电厂）（　　　）。

A. 第一种工作票　　　　　B. 第二种工作票
C. 带电作业工作票　　　　D. 事故紧急抢修单
答案：A（变电《安规》13.1）

【多选题】在经继电保护出口跳闸的发电机组热工保护、水车保护及其相关回路上工作，以下哪些情况应填用变电站（发电厂）第一种工作票？（　　　）

A. 需做安全措施　　　　　B. 需将高压设备停电

C. 不需将高压设备停电　　D. 不需做安全措施

答案：AB（变电《安规》13.1）

【判断题】在高压室遮栏内进行继电保护、安全自动装置和仪表等及其二次回路的检查试验时，需将高压设备停电者，应填用变电站（发电厂）第一种工作票。

答案：正确（变电《安规》13.1）

【问答题】应填用变电站（发电厂）第一种工作票的工作有哪些？

答案：① 在高压室遮栏内或与导电部分小于设备不停电时的安全距离进行继电保护、安全自动装置和仪表等及其二次回路的检查试验时，需将高压设备停电者；② 在高压设备继电保护、安全自动装置和仪表、自动化监控系统等及其二次回路上工作，需将高压设备停电或做安全措施者；③ 通信系统同继电保护、安全自动装置等复用通道（包括载波、微波、光纤通道等）的检修、联动试验，需将高压设备停电或做安全措施者；④ 在经继电保护出口跳闸的发电机组热工保护及其相关回路上工作，需将高压设备停电或做安全措施者。

（变电《安规》13.1）

13.2　下列情况应填用变电站（发电厂）第二种工作票：

a）　继电保护装置、安全自动装置、自动化监控系统在运行中改变装置原有定值时，不影响一次设备正常运行的工作。

b）　对于连接电流互感器或电压互感器二次绕组并装在屏柜上的继电保护、安全自动装置上的工作，可以不停用所保护的高压设备或不需做安全措施者。

  c) 在继电保护、安全自动装置、自动化监控系统等及其二次回路，以及在通信复用通道设备上检修及试验工作，可以不停用高压设备或不需做安全措施者。

  d) 在经继电保护出口的发电机组热工保护、水车保护及其相关回路上工作，可以不停用高压设备的或不需做安全措施者。

  【单选题】在经继电保护出口的发电机组热工保护、水车保护及其相关回路上工作，可以不停用高压设备的或不需做安全措施者，应填用变电站（发电厂）（　　　　）。

  A. 第一种工作票   B. 第二种工作票

  C. 带电作业工作票   D. 事故紧急抢修单

  答案：B（变电《安规》13.2）

  【单选题】在继电保护、安全自动装置、自动化监控系统等及其二次回路，以及在通信复用通道设备上（　　　　），可以不停用高压设备或不需做安全措施者，应填用变电站（发电厂）第二种工作票。

  A. 复归信号   B. 查阅历史报警

  C. 检修及试验工作   D. 事故紧急抢修工作

  答案：C（变电《安规》13.2）

  【多选题】在不影响一次设备正常运行的情况下，以下哪些工作可以填用变电站（发电厂）第二种工作票？（　　　　）

  A. 修改继电保护装置定值 B. 修改安全自动装置定值

  C. 修改自动化监控系统定值 D. 所有工作

  答案：ABC（变电《安规》13.2）

  【判断题】继电保护装置、安全自动装置、自动化监控系统在运行中改变装置原有定值时，不影响一次设备正常运行的工作，应填用变电站（发电厂）第二种工作票。

  答案：正确（变电《安规》13.2）

  【问答题】应填用变电站（发电厂）第二种工作票的工作有

哪些?

答案:① 继电保护装置、安全自动装置、自动化监控系统在运行中改变装置原有定值时,不影响一次设备正常运行的工作;② 对于连接电流互感器或电压互感器二次绕组并装在屏柜上的继电保护、安全自动装置上的工作,可以不停用所保护的高压设备或不需做安全措施者;③ 在继电保护、安全自动装置、自动化监控系统等及其二次回路,以及在通信复用通道设备上检修及试验工作,可以不停用高压设备或不需做安全措施者;④ 在经继电保护出口的发电机组热工保护、水车保护及其相关回路上工作,可以不停用高压设备的或不需做安全措施者。

(变电《安规》13.2)

13.3 检修中遇有下列情况应填用二次工作安全措施票(见附录 H):

a) 在运行设备的二次回路上进行拆、接线工作。

b) 在对检修设备执行隔离措施时,需拆断、短接和恢复同运行设备有联系的二次回路工作。

【单选题】在( )的二次回路上进行拆、接线工作,应填用二次工作安全措施票。

A. 运行设备 B. 检修设备 C. 停用设备 D. 备品设备

答案:A(变电《安规》13.3)

【单选题】在对检修设备执行隔离措施时,需拆断、短接和恢复同运行设备有联系的二次回路工作,应填用( )。

A. 第一种工作票　　　　B. 第二种工作票

C. 二次工作安全措施票　D. 带电作业工作票

答案:C(变电《安规》13.3)

【判断题】在对检修设备执行隔离措施时,需拆断、短接和恢复同运行设备有联系的二次回路工作,应填用二次工作安全措施票。

答案:正确(变电《安规》13.3)

【多选题】在运行设备的二次回路上进行（　　）工作，应填用二次工作安全措施票。

A. 拆线　　　B. 接线　　　C. 清扫　　　D. 操作

答案：AB（变电《安规》13.3）

13.4 二次工作安全措施票执行。

13.4.1 二次工作安全措施票的工作内容及安全措施内容由工作负责人填写，由技术人员或班长审核并签发。

【单选题】二次工作安全措施票的工作内容及安全措施内容由（　　）填写，由技术人员或班长审核并签发。

A. 总工程师　　　　　　　B. 工作许可人

C. 工作负责人　　　　　　D. 工作班成员

答案：C（变电《安规》13.4.1）

【单选题】二次工作安全措施票的工作内容及安全措施内容由工作负责人填写，由技术人员或（　　）审核并签发。

A. 班长　　　　　　　　　B. 班员

C. 工作许可人　　　　　　D. 综合员

答案：A（变电《安规》13.4.1）

【多选题】下列可审核签发二次工作安全措施票的有（　　）。

A. 综合员　　　B. 技术人员　　　C. 班长　　　D. 班员

答案：BC（变电《安规》13.4.1）

【判断题】二次工作安全措施票的工作内容及安全措施内容由专工填写，由技术人员或班长审核并签发。

答案：错误（变电《安规》13.4.1）

【填空题】二次工作安全措施票的工作内容及安全措施内容由_____填写，由技术人员或班长审核并签发。

答案：工作负责人（变电《安规》13.4.1）

13.4.2 监护人由技术水平较高及有经验的人担任，执行人、恢复人由工作班成员担任，按二次工作安全措施票的顺序进行。

上述工作至少由两人进行。

【单选题】执行、恢复二次工作安全措施票应至少（　　　）进行。

A. 一人　　　B. 三人　　　C. 两人　　　D. 以上都可以

答案：C（变电《安规》13.4.2）

【多选题】二次工作安全措施票，（　　　）由工作班成员担任，按二次工作安全措施票的顺序进行。

A. 许可人　　B. 签发人　　C. 执行人　　D. 恢复人

答案：CD（变电《安规》13.4.2）

【判断题】二次工作安全措施票在执行和恢复过程中，可不必按二次工作安全措施票的顺序进行。

答案：错误（变电《安规》13.4.2）

【判断题】执行人由技术水平较高及有经验的人担任，监护人、恢复人由工作班成员担任，按二次工作安全措施票的顺序进行。

答案：错误（变电《安规》13.4.2）

13.5　作业人员在现场工作过程中，凡遇到异常情况（如直流系统接地等）或断路器（开关）跳闸、阀闭锁时，不论与本身工作是否有关，应立即停止工作，保持现状，待查明原因，确定与本工作无关时方可继续工作；若异常情况或断路器（开关）跳闸、阀闭锁是本身工作所引起，应保留现场并立即通知运维人员，以便及时处理。

【单选题】二次系统上工作，凡遇到异常情况或断路器跳闸、阀闭锁时，不论与本身工作是否有关，作业人员应（　　　），保持现状，待查明原因，确定与本工作无关时方可继续工作。

A. 继续工作　　　　　　　B. 拉合相关设备断路器

C. 立即停止工作　　　　　D. 拉合相关设备刀闸

答案：C（变电《安规》13.5）

【单选题】二次系统上工作，凡遇到异常情况或断路器跳闸、阀闭锁，以上情况是本身工作所引起，应保留现场并立即通知（　　　），以便及时处理。

A. 上级单位主管生产的领导

B. 运维人员

C. 上级调度值班员

答案：B（变电《安规》13.5）

【多选题】二次系统上工作，凡遇到异常情况或断路器跳闸、阀闭锁，不论与本身工作是否有关，应（　　）待查明原因，确定与本工作无关时方可继续工作。

A. 立即停止工作　　　　　B. 继续工作

C. 保持现状　　　　　　　D. 立即抢修

答案：AC（变电《安规》13.5）

【填空题】二次系统上工作，凡遇到异常情况或断路器跳闸、阀闭锁时，不论与本身工作是否有关，作业人员应立即_____工作，保持现状，待查明原因，确定与本工作无关时方可继续工作。

答案：停止（变电《安规》13.5）

13.6　工作前应做好准备，了解工作地点、工作范围、一次设备及二次设备运行情况、安全措施、试验方案、上次试验记录、图纸、整定值通知单、软件修改申请单、核对控制保护设备、测控设备主机或板卡型号、版本号及跳线设置等是否齐备并符合实际，检查仪器、仪表等试验设备是否完好，核对微机保护及安全自动装置的软件版本号等是否符合实际。

【单选题】二次系统工作前应做好准备，了解工作地点、工作范围、一次设备及二次设备运行情况、（　　）、试验方案等。

A. 湿度　　　B. 温度　　　C. 安全措施　　D. 环境

答案：C（变电《安规》13.6）

13.7　现场工作开始前，应检查已做的安全措施是否符合要求，运行设备和检修设备之间的隔离措施是否正确完成，工作时还应仔细核对检修设备名称，严防走错位置。

【单选题】现场工作开始前，应检查（　　）是否符合要求，运行设备和检修设备之间的隔离措施是否正确完成，工作时还应仔细核对检修设备名称，严防走错位置。

    A. 组织措施   B. 停电申请单

    C. 已做的安全措施   D. 工单

    答案：C（变电《安规》13.7）

    【多选题】在二次系统上工作，现场工作前应进行以下哪些程序？（   ）

    A. 检查已做的安全措施是否符合要求

    B. 检查运行设备和检修设备之间的隔离措施是否正确完成

    C. 检查停电申请单

    D. 检查送电申请单

    答案：AB（变电《安规》13.7）

    【填空题】现场工作开始前，应检查已做的_____是否符合要求，运行设备和检修设备之间的隔离措施是否正确完成，工作时还应仔细核对检修设备名称，严防走错位置。

    答案：安全措施（变电《安规》13.7）

13.8 在全部或部分带电的运行屏（柜）上进行工作时，应将检修设备与运行设备以明显的标志隔开。

    【判断题】在全部或部分带电的运行屏（柜）上进行工作时，应将检修设备与停用设备以明显的标志隔开。

    答案：错误（变电《安规》13.8）

13.9 在继电保护装置、安全自动装置及自动化监控系统屏（柜）上或附近进行打眼等振动较大的工作时，应采取防止运行中设备误动作的措施，必要时向调控中心申请，经值班调控人员或运维负责人同意，将保护暂时停用。

    【单选题】在继电保护装置、安全自动装置及自动化监控系统系统屏（柜）上或附近进行打眼等振动较大的工作时，应采取防止运行中设备（   ）的措施。

    A. 带负荷   B. 误接线   C. 误动作   D. 误整定

    答案：C（变电《安规》13.9）

【判断题】在继电保护装置、安全自动装置及自动化监控系统屏（柜）上或附近进行打眼等振动较大的工作时，应采取防止运行中设备误动作的措施，必要时向调控中心申请，经值班调控人员或运维负责人同意，将保护暂时停用。

答案：正确（变电《安规》13.9）

【简答题】在继电保护装置、安全自动装置及自动化监控系统屏（柜）上或附近进行打眼等振动较大的工作时，应采取什么措施？

答案：应采取防止运行中设备误动作的措施，必要时向调控中心申请，经值班调控人员或运维负责人同意，将保护暂时停用。
（变电《安规》13.9）

13.10 在继电保护、安全自动装置及自动化监控系统屏间的通道上搬运或安放试验设备时，不能阻塞通道，要与运行设备保持一定距离，防止事故处理时通道不畅，防止误碰运行设备，造成相关运行设备继电保护误动作。清扫运行设备和二次回路时，要防止振动、防止误碰，要使用绝缘工具。

【单选题】清扫运行二次设备和二次回路时，要防止振动、防止误碰，要使用（   ）。

A. 绝缘工具　B. 绝缘胶带　C. 尼龙扎带　D. 金属工具

答案：A（变电《安规》13.10）

【单选题】清扫运行中的二次设备和二次回路时，要防止振动、防止（   ），要使用绝缘工具。

A. 振动　　　B. 误碰　　C. 误接线　　D. 误拆线

答案：B（变电《安规》13.10）

【单选题】在继电保护、安全自动装置及自动化监控系统屏间的通道上搬运或安放试验设备时，应防止误碰运行设备，造成相关运行设备继电保护（   ）。

A. 正确动作　B. 误整定　　C. 误接线　　D. 误动作

答案：D（变电《安规》13.10）

【多选题】清扫运行设备和二次回路时，要（　　　）。

A. 防止振动　　　　　　B. 防止误碰

C. 使用绝缘工具　　　　D. 领导在现场监护

答案：ABC（变电《安规》13.10）

【判断题】清扫运行设备和二次回路时，要防止振动、防止误碰，要使用绝缘工具。

答案：正确（变电《安规》13.10）

13.11　继电保护、安全自动装置及自动化监控系统做传动试验或一次通电时或进行直流输电系统功能试验时，应通知运维人员和有关人员，并由工作负责人或由他指派专人到现场监视，方可进行。

【判断题】继电保护、安全自动装置及自动化监控系统做传动试验或一次通电时或进行直流输电系统功能试验时，应通知运维人员和有关人员，并由工作负责人或由他指派专人到现场监视，方可进行。

答案：正确（变电《安规》13.11）

13.12　所有电流互感器和电压互感器的二次绕组应有一点且仅有一点永久性的、可靠的保护接地。

【单选题】所有电流互感器和电压互感器的二次绕组应有（　　　）永久性的、可靠的保护接地。

A. 一点且仅有一点　　　B. 二点

C. 三点　　　　　　　　D. 多点

答案：A（变电《安规》13.12）

【单选题】所有电流互感器和电压互感器的二次绕组应有一点且仅有一点永久性的、可靠的（　　　）。

A. 保护　　　B. 保护装置　　　C. 保护接地　　　D. 开路

答案：C（变电《安规》13.12）

【多选题】所有电流互感器和电压互感器的二次绕组应有一点且仅有一点（　　　）保护接地。

A. 永久性的　　B. 临时性的　　C. 可靠的　　　D. 稳定的

答案：AC（变电《安规》13.12）

13.13 在带电的电流互感器二次回路上工作时，应采取下列安全措施：

   a）　禁止将电流互感器二次侧开路（光电流互感器除外）。

   b）　短路电流互感器二次绕组，应使用短路片或短路线，禁止用导线缠绕。

   c）　在电流互感器与短路端子之间导线上进行任何工作，应有严格的安全措施，并填用"二次工作安全措施票"。必要时申请停用有关保护装置、安全自动装置或自动化监控系统。

   d）　工作中禁止将回路的永久接地点断开。

   e）　工作时，应有专人监护，使用绝缘工具，并站在绝缘垫上。

【单选题】在带电的电流互感器二次回路上工作时，应禁止将电流互感器二次侧（　　　）（光电流互感器除外）。

A. 短路　　　B. 开路　　　C. 三相短接　D. 接地

答案：B（变电《安规》13.13）

【单选题】短路带电的电流互感器二次绕组禁止（　　　）。

A. 用短路片短接　　　　　　B. 用短路线短接

C. 用导线缠绕　　　　　　　D. 以上都对

答案：C（变电《安规》13.13）

【单选题】在带电的电流互感器二次回路上工作时，应有专人监护，使用绝缘工具，并站在（　　　）上。

A. 工作台上　B. 绝缘垫上　C. 地面上　　D. 梯子上

答案：B（变电《安规》13.13）

【多选题】短路带电的电流互感器二次绕组应使用（　　　）。

A. 短路片　　B. 短路线　　C. 导线缠绕　D. 保险丝

答案：AB（变电《安规》13.13）

【问答题】 在带电的电流互感器二次回路上工作时，应采取哪些安全措施？

答案：① 禁止将电流互感器二次侧开路（光电流互感器除外）；② 短路电流互感器二次绕组，应使用短路片或短路线，禁止用导线缠绕；③ 在电流互感器与短路端子之间导线上进行任何工作，应有严格的安全措施，并填用"二次工作安全措施票"，必要时申请停用有关保护装置、安全自动装置或自动化监控系统；④ 工作中禁止将回路的永久接地点断开；⑤ 工作时，应有专人监护，使用绝缘工具，并站在绝缘垫上。

（变电《安规》13.13）

13.14 在带电的电压互感器二次回路上工作时，应采取下列安全措施：

a) 严格防止短路或接地。应使用绝缘工具，戴手套。必要时，工作前申请停用有关保护装置、安全自动装置或自动化监控系统。

b) 接临时负载，应装有专用的刀闸和熔断器。

c) 工作时应有专人监护，禁止将回路的安全接地点断开。

【单选题】 在带电的电压互感器二次回路上工作时，应有专人监护，（　　）将回路的安全接地点断开。

A. 必须　　　B. 可以　　　C. 禁止　　　D. 视情况

答案：C（变电《安规》13.14）

【单选题】 在带电的电压互感器二次回路上工作时，严格防止（　　）或接地。

A. 短路　　　B. 开路　　　C. 断线　　　D. 断开

答案：A（变电《安规》13.14）

【单选题】 在带电的电压互感器二次回路上工作时，接临时负载，必须装有专用的刀闸和（　　）。

A. 熔断器　　B. 接线端子　　C. 保护罩　　D. 以上均不对

答案：A（变电《安规》13.14）

130

【填空题】在带电的电压互感器二次回路上工作时，应严格防止_____或接地。

答案：短路（变电《安规》13.14）

【问答题】在带电的电压互感器二次回路上工作时，应采取哪些安全措施？

答案：① 严格防止短路或接地。应使用绝缘工具，戴手套，必要时，工作前申请停用有关保护装置、安全自动装置或自动化监控系统；② 接临时负载，应装有专用的刀闸和熔断器；③ 工作时应有专人监护，禁止将回路的安全接地点断开。

（变电《安规》13.14）

13.15 二次回路通电或耐压试验前，应通知运维人员和有关人员，并派人到现场看守，检查二次回路及一次设备上确无人工作后，方可加压。

电压互感器的二次回路通电试验时，为防止由二次侧向一次侧反充电，除应将二次回路断开外还应取下电压互感器高压熔断器或断开电压互感器一次刀闸。

直流输电系统单极运行时，禁止对停运极中性区域互感器进行注流或加压试验。

运行极的一组直流滤波器停运检修时，禁止对该组直流滤波器内与直流极保护相关的电流互感器进行注流试验。

【单选题】电压互感器的二次回路通电试验时，为防止由二次侧向一次侧反充电，除应将二次回路断开外，还应取下电压互感器（   ）熔断器或断开电压互感器一次刀闸。

A. 低压　　　B. 高压　　　C. 二次端子　D. 二次侧

答案：B（变电《安规》13.15）

【单选题】电压互感器的二次回路通电试验时，为防止由二次侧向一次侧反充电，除应将二次回路（   ）外，还应取下电压互感器高压熔断器或断开电压互感器一次刀闸。

A. 连接　　　B. 断开　　　C. 短接　　　D. 接引

答案：B（变电《安规》13.15）

【多选题】二次回路通电或耐压试验前，应完成下列（　　）措施后，方可加压。

A. 通知运维人员和有关人员
B. 派人到现场看守
C. 检查二次回路上确无人工作
D. 检查一次设备上确无人工作

答案：ABCD（变电《安规》13.15）

【判断题】电压互感器的二次回路通电试验时，二次回路不必断开。

答案：错误（变电《安规》13.15）

13.16 在光纤回路工作时，应采取相应防护措施防止激光对人眼造成伤害。

【单选题】在光纤回路工作时，应采取相应防护措施防止激光对（　　）造成伤害。

A. 设备　　　　B. 工具　　　　C. 人眼　　　　D. 工作服

答案：C（变电《安规》13.16）

【判断题】在光纤回路工作时，应采取相应防护措施防止激光对人眼造成伤害。

答案：正确（变电《安规》13.16）

13.17 检验继电保护、安全自动装置、自动化监控系统和仪表的作业人员，不准对运行中的设备、信号系统、保护压板进行操作，但在取得运维人员许可并在检修工作盘两侧开关把手上采取防误操作措施后，可拉合检修断路器（开关）。

【多选题】检验继电保护、安全自动装置、自动化监控系统和仪表的工作人员，不准对运行中的（　　）进行操作。

A. 设备　　　　B. 信号系统　　C. 保护压板　　D. 试验仪器

答案：ABC（变电《安规》13.17）

【判断题】检验继电保护工作人员，可不经运维人员许可，拉合检修断路器（开关）。

答案：错误（变电《安规》13.17）

13.18 试验用闸刀应有熔丝并带罩，被检修设备及试验仪器禁止从运行设备上直接取试验电源，熔丝配合要适当，要防止越级熔断总电源熔丝。试验接线要经第二人复查后，方可通电。

【单选题】进行二次工作时，被检修设备及试验仪器（　　）从运行设备上直接取试验电源。

A. 允许　　　　B. 可以　　　　C. 禁止　　　　D. 视情况

答案：C（变电《安规》13.18）

【单选题】进行二次工作时，被检修设备及试验仪器禁止从（　　）上直接取试验电源。

A. 运行设备　　B. 停用设备　　C. 检修设备　　D. 以上均不对

答案：A（变电《安规》13.18）

【多选题】二次系统工作试验用闸刀应满足哪些要求？（　　）

A. 应有熔丝并带罩　　　　　　B. 不应带罩

C. 熔丝选配要适当　　　　　　D. 防止越级熔断总电源熔丝

答案：ACD（变电《安规》13.18）

【判断题】二次系统工作试验用闸刀应有熔丝并带罩，试验仪器可以从运行设备上直接取试验电源。

答案：错误（变电《安规》13.18）

13.19 继电保护装置、安全自动装置和自动化监控系统的二次回路变动时，应按经审批后的图纸进行，无用的接线应隔离清楚，防止误拆或产生寄生回路。

【单选题】继电保护装置、安全自动装置和自动化监控系统的二次回路变动时，应按经（　　）的图纸进行，无用的接线应隔离清楚，防止误拆或产生寄生回路。

A. 核对后　　B. 审批后　　C. 校对　　D. 初审

答案：B（变电《安规》13.19）

【多选题】继电保护装置、安全自动装置和自动化监控系统的二次回路变动时，应按经审批后的图纸进行，无用的接线应隔离清楚，防止（　　　）。

A. 误拆　　　　　　　　　　B. 接线牢固
C. 线头线号清晰　　　　　　D. 产生寄生回路
答案：AD（变电《安规》13.19）

【判断题】继电保护装置、安全自动装置和自动化监控系统的二次回路变动时，应按经审批后的图纸进行，无用的接线应隔离清楚，防止误拆或产生寄生回路。

答案：正确（变电《安规》13.19）

13.20 试验工作结束后，按"二次工作安全措施票"逐项恢复同运行设备有关的接线，拆除临时接线，检查装置内无异物，屏面信号及各种装置状态正常，各相关压板及切换开关位置恢复至工作许可时的状态。二次工作安全措施票应随工作票归档保存 1 年。

【单选题】二次系统上的试验工作结束后，按（　　　）逐项恢复同运行设备有关的接线，拆除临时接线。

A. 图纸　　　　　　　　　　B. 标记
C. 二次工作安全措施票　　　D. 工作负责人指令
答案：C（变电《安规》13.20）

【单选题】二次工作安全措施票应随工作票归档保存(　　　)年。

A. 3　　　　B. 2　　　　C. 1　　　　D. 5
答案：C（变电《安规》13.20）

【多选题】二次系统上的试验工作结束后，还应做好下列（　　　）工作。

A. 按"二次工作安全措施票"逐项恢复同运行设备有关的接线，拆除临时接线

B. 检查装置内无异物

C. 检查屏面信号及各种装置状态正常

D. 检查各相关压板及切换开关位置恢复至工作许可时的状态
答案：ABCD（变电《安规》13.20）

14 电 气 试 验

14.1 高压试验。

14.1.1 高压试验应填用变电站（发电厂）第一种工作票。在高压试验室（包括户外高压试验场）进行试验时，按 GB 26861 的规定执行。

在同一电气连接部分，许可高压试验工作票前，应先将已许可的检修工作票收回，禁止再许可第二张工作票。如果试验过程中，需要检修配合，应将检修人员填写在高压试验工作票中。

在一个电气连接部分同时有检修和试验时，可填用一张工作票，但在试验前应得到检修工作负责人的许可。

如加压部分与检修部分之间的断开点，按试验电压有足够的安全距离，并在另一侧有接地短路线时，可在断开点的一侧进行试验，另一侧可继续工作。但此时在断开点应挂有"止步，高压危险！"的标示牌，并设专人监护。

【单选题】在一个电气连接部分同时有检修和试验时，可填用一张工作票，但在试验前应得到（　　）的许可。

A. 检修工作许可人　　　　B. 检修工作票签发人

C. 检修工作负责人　　　　D. 检修工作班成员

答案：C（变电《安规》14.1.1）

【单选题】高压试验应填用变电站（　　）票。

A. 发电厂第一种工作票　　B. 发电厂第二种工作票

C. 临时工作任务单　　　　D. 操作票

答案：A（变电《安规》14.1.1）

【单选题】在一个电气连接部分同时有（　　）时，可填用一张工作票。

A. 检修　　　　　　　　　B. 试验

C. 检修和试验   D. 工作

答案：C（变电《安规》14.1.1）

【单选题】高压试验中加压部分与检修部分之间的断开点处，应挂有（   ）的标示牌，并设专人监护。

A."止步，高压危险!"   B."在此工作!"
C."注意安全!"   D."禁止合闸，有人工作!"

答案：A（变电《安规》14.1.1）

【填空题】在同一电气连接部分，许可高压试验工作票前，应先将已许可的检修工作票_____，禁止再许可第二张工作票。

答案：收回（变电《安规》14.1.1）

【填空题】在一个电气连接部分同时有检修和试验时，可填用一张工作票，但在试验前应得到_____的许可。

答案：检修工作负责人（变电《安规》14.1.1）

【判断题】在同一电气连接部分，许可高压试验工作票前，应先将已许可的检修工作票收回，可以再许可第二张工作票。

答案：错误（变电《安规》14.1.1）

14.1.2 高压试验工作不得少于两人。试验负责人应由有经验的人员担任，开始试验前，试验负责人应向全体试验人员详细布置试验中的安全注意事项，交待邻近间隔的带电部位，以及其他安全注意事项。

【单选题】高压试验负责人应由有经验的人员担任，开始试验前，（   ）应向全体试验人员详细布置试验中的安全注意事项，交待邻近间隔的带电部位，以及其他安全注意事项。

A. 试验负责人   B. 试验许可人
C. 专责监护人   D. 检修负责人

答案：A（变电《安规》14.1.2）

【单选题】高压试验工作不得少于两人。试验负责人应由（   ）担任。

A. 电气专工   B. 有经验的人员

C. 检修班长　　　　　　　D. 值长

答案：B（变电《安规》14.1.2）

【多选题】高压试验工作不得少于两人。下列选项中谁可以担任试验负责人？（　　　）

A. 电气检修班长　　　　　B. 电气专工

C. 值长　　　　　　　　　D. 电气巡检

答案：AB（变电《安规》14.1.2）

【多选题】高压试验工作不得少于两人。试验负责人应由有经验的人员担任，开始试验前，试验负责人应向全体试验人员交待（　　　）内容。

A. 详细布置试验中的安全注意事项

B. 交待邻近间隔的带电部位

C. 其他安全注意事项

D. 高压试验报告

答案：ABC（变电《安规》14.1.2）

【判断题】高压试验工作不得少于两人。

答案：正确（变电《安规》14.1.2）

【填空题】高压试验工作前，试验负责人应向全体试验人员详细布置试验中的安全注意事项，交待邻近间隔的_____，以及其他安全注意事项。

答案：带电部位（变电《安规》14.1.2）

【简答题】高压试验工作，对试验负责人的条件和职责是如何规定的？

答案：试验负责人应由有经验的人员担任，开始试验前，试验负责人应向全体试验人员详细布置试验中的安全注意事项，交待邻近间隔的带电部位，以及其他安全注意事项。

（变电《安规》14.1.2）

14.1.3　因试验需要断开设备接头时，拆前应做好标记，接后应进行检查。

【单选题】因试验需要断开设备接头时，拆前应做好（　　），接后应进行检查。

A. 记录　　　　　　　　B. 安全措施

C. 交待　　　　　　　　D. 标记

答案：D（变电《安规》14.1.3）

【判断题】高压试验中，因试验需要断开设备接头时，试验人员可以不做标记直接进行拆装。

答案：错误（变电《安规》14.1.3）

【填空题】高压试验中，因试验需要断开设备接头时，拆前应做好_____，接后应进行_____。

答案：标记；检查（变电《安规》14.1.3）

14.1.4 试验装置的金属外壳应可靠接地；高压引线应尽量缩短，并采用专用的高压试验线，必要时用绝缘物支持牢固。

试验装置的电源开关，应使用明显断开的双极刀闸。为了防止误合刀闸，可在刀刃或刀座上加绝缘罩。

试验装置的低压回路中应有两个串联电源开关，并加装过载自动跳闸装置。

【单选题】试验装置的金属外壳应可靠接地；高压引线应尽量（　　），并采用专用的高压试验线，必要时用绝缘物支持牢固。

A. 延长　　　B. 加高　　　C. 缩短　　　D. 增加防护

答案：C（变电《安规》14.1.4）

【单选题】试验装置的低压回路中应有两个串联电源开关，并加装（　　）。

A. 继电器　　　　　　　B. 断路器

C. 熔断器　　　　　　　D. 过载自动跳闸装置

答案：D（变电《安规》14.1.4）

【单选题】高压试验装置的电源开关，应使用明显断开的（　　）刀闸。

A. 双极　　　B. 隔离　　　C. 单极　　　D. 三相

答案：A（变电《安规》14.1.4）

【多选题】高压试验装置的电源开关，应满足下列要求（   ）。

A. 应使用明显断开的双极刀闸

B. 加装过载自动跳闸装置

C. 提高开关电压等级

D. 使用进口开关

答案：AB（变电《安规》14.1.4）

【判断题】高压试验装置的金属外壳应可靠接地；高压引线应尽量加长，并采用专用的高压试验线，必要时用绝缘物支持牢固。

答案：错误（变电《安规》14.1.4）

【填空题】高压试验装置的电源开关，应使用明显断开的_____刀闸。

答案：双极（变电《安规》14.1.4）

【填空题】高压试验装置的低压回路中应有两个串联电源开关，并加装_____。

答案：过载自动跳闸装置（变电《安规》14.1.4）

14.1.5 试验现场应装设遮栏或围栏，遮栏或围栏与试验设备高压部分应有足够的安全距离，向外悬挂"止步，高压危险！"的标示牌，并派人看守。被试设备两端不在同一地点时，另一端还应派人看守。

【单选题】高压试验现场应装设遮栏或围栏，遮栏或围栏与试验设备高压部分应有足够的安全距离，向外悬挂（   ）的标示牌，并派人看守。

A. "止步，高压危险！"   B. "在此工作！"

C. "注意安全！"   D. "禁止合闸，有人工作！"

答案：A（变电《安规》14.1.5）

【多选题】关于高压试验现场，以下说法正确的是（   ）。

A. 试验现场应装设遮栏或围栏

B. 遮栏或围栏与试验设备高压部分应有足够的安全距离

C. 遮栏或围栏上应向外悬挂"止步，高压危险！"的标示牌，并派人看守

D. 被试设备两端不在同一地点时，另一端还应派人看守

答案：ABCD（变电《安规》14.1.5）

【填空题】高压试验现场应装设遮栏或围栏，遮栏或围栏与试验设备高压部分应有足够的安全距离，向外悬挂"_____"的标示牌，并派人看守。

答案：止步，高压危险！（变电《安规》14.1.5）

【判断题】试验现场应装设遮栏或围栏，遮栏或围栏与试验设备高压部分应有足够的安全距离，向外悬挂"止步，高压危险！"的标示牌，并派人看守。

答案：正确（变电《安规》14.1.5）

14.1.6 加压前应认真检查试验接线，使用规范的短路线，表计倍率、量程、调压器零位及仪表的开始状态均正确无误，经确认后，通知所有人员离开被试设备，并取得试验负责人许可，方可加压。加压过程中应有人监护并呼唱。

高压试验作业人员在全部加压过程中，应精力集中，随时警戒异常现象发生，操作人应站在绝缘垫上。

【单选题】高压试验工作人员在全部加压过程中，应精力集中，随时警戒异常现象发生，操作人应（　　　）。

A. 站在绝缘垫上　　　　　　B. 直接站在地上

C. 站在金属板上　　　　　　D. 站在潮湿的木板上

答案：A（变电《安规》14.1.6）

【单选题】高压试验工作人员在（　　　）过程中，应精力集中，随时警戒异常现象发生，操作人应站在绝缘垫上。

A. 清理现场　　　　　　　　B. 全部加压

C. 整理工具　　　　　　　　D. 撤离现场

答案：B（变电《安规》14.1.6）

【单选题】高压试验准备工作结束后，应通知（　　　）离开现场。

A. 试验人员　　　　　　　　B. 所有人员

C. 检修人员　　　　　　　　D. 运行人员

答案：B（变电《安规》14.1.6）

【多选题】高压试验作业人员在全部加压过程中，应（　　　）。

A. 精力集中　　　　　　　　B. 操作人应站在绝缘垫上

C. 随时警戒异常现象发生　　D. 有人监护并呼唱

答案：ABCD（变电《安规》14.1.6）

【多选题】高压试验加压前，应（　　　）后，方可加压。

A. 认真检查试验接线

B. 使用规范的短路线

C. 确认表计倍率、量程、调压器零位及仪表的开始状态均正确无误

D. 通知所有人员离开被试设备，取得试验负责人许可

答案：ABCD（变电《安规》14.1.6）

【判断题】高压试验作业人员在全部加压过程中，应精力集中，随时警戒异常现象发生，操作人应直接站在地上。

答案：错误（变电《安规》14.1.6）

【简答题】高压试验工作人员在全部加压过程中应遵守什么安全要求？

答案：高压试验作业人员在全部加压过程中，应精力集中，随时警戒异常现象发生，操作人应站在绝缘垫上。

（变电《安规》14.1.6）

【简答题】高压试验加压前应注意什么？

答案：① 加压前应认真检查试验接线，使用规范的短路线，表计倍率、量程、调压器零位及仪表的开始状态均正确无误，经确认后，通知所有人员离开被试设备，并取得试验负责人许可，方可加压；② 加压过程中应有人监护并呼唱。

（变电《安规》14.1.6）

14.1.7 变更接线或试验结束时，应首先断开试验电源、放电，并将升压设备的高压部分放电、短路接地。

【单选题】高压试验结束时，应首先断开试验电源、放电，并将升压设备的高压部分放电、（　　　）。

A. 验电　　　B. 接线　　　C. 充电　　　D. 短路接地

答案：D（变电《安规》14.1.7）

【多选题】高压试验变更接线或试验结束时，应首先（　　　），并将升压设备的高压部分放电、短路接地。

A. 断开试验电源　　　　　　B. 放电

C. 屏蔽　　　　　　　　　　D. 绝缘包扎

答案：AB（变电《安规》14.1.7）

【判断题】变更接线或试验结束时，应首先断开试验电源、放电，并将升压设备的高压部分先短路接地后放电。

答案：错误（变电《安规》14.1.7）

【填空题】高压试验结束时，应首先断开试验电源、放电，并将升压设备的高压部分放电、＿＿＿＿＿。

答案：短路接地（变电《安规》14.1.7）

【简答题】高压试验变更接线或试验结束时，应该怎么做？

答案：高压试验变更接线或试验结束时应首先断开试验电源、放电，并将升压设备的高压部分放电、短路接地。

（变电《安规》14.1.7）

14.1.8 未装接地线的大电容被试设备，应先行放电再做试验。高压直流试验时，每告一段落或试验结束时，应将设备对地放电数次并短路接地。

【单选题】未装接地线的大电容被试设备，应先行（　　　）再做试验。

A. 放电　　　B. 充电　　　C. 带负荷　　　D. 加电压

答案：A（变电《安规》14.1.8）

【单选题】未装接地线的大电容被试设备，高压直流试验时，每告一段落或试验结束时，应将设备对地放电（　　）并短路接地。

A. 一次　　　B. 二次　　　C. 三次　　　D. 数次

答案：D（变电《安规》14.1.8）

【单选题】未装接地线的大电容被试设备，高压直流试验时，每告一段落或试验结束时，应将设备对地放电数次并（　　）。

A. 短路　　　　　　　　B. 接地

C. 短路接地　　　　　　D. 拆除

答案：C（变电《安规》14.1.8）

【多选题】未装接地线的大电容被试设备，高压直流试验时，每告一段落或试验结束时，应将设备对地（　　）。

A. 放电数次　　　　　　B. 放电一次

C. 短路接地　　　　　　D. 绝缘包扎

答案：AC（变电《安规》14.1.8）

【填空题】未装接地线的大电容被试设备，应先行＿＿＿＿再做电气试验。

答案：放电（变电《安规》14.1.8）

14.1.9 试验结束时，试验人员应拆除自装的接地短路线，并对被试设备进行检查，恢复试验前的状态，经试验负责人复查后，进行现场清理。

【单选题】高压试验结束时，试验人员应拆除自装的接地短路线，并对被试设备进行检查，恢复试验前的状态，经（　　）复查后，进行现场清理。

A. 检修负责人　　　　　B. 工作许可人

C. 试验负责人　　　　　D. 运维负责人

答案：C（变电《安规》14.1.9）

【单选题】高压试验结束时，试验人员应拆除自装的接地短路线，并对被试设备进行检查，恢复（　　）的状态，经试验负责人复查后，进行现场清理。

A. 试验前　　　B. 停用　　　　C. 试验后　　　D. 备用

答案：A（变电《安规》14.1.9）

【多选题】高压试验结束时，试验人员应（　　　），经试验负责人复查后，进行现场清理。

A. 拆除自装的接地短路线

B. 向运维负责人报告试验结束

C. 对被试设备进行检查

D. 恢复试验前的状态

答案：ACD（变电《安规》14.1.9）

【填空题】高压试验结束时，试验人员应拆除自装的接地短路线，并对被试设备进行检查，恢复到_____的状态，经试验负责人复查后，进行现场清理。

答案：试验前（变电《安规》14.1.9）

【简答题】高压试验结束时，试验人员应该怎么做？

答案：高压试验结束时，试验人员应拆除自装的接地短路线，并对被试设备进行检查，恢复到试验前的状态，经试验负责人复查后，进行现场清理。

（变电《安规》14.1.9）

14.1.10　变电站、发电厂升压站发现有系统接地故障时，禁止进行接地网接地电阻的测量。

【单选题】变电站、发电厂升压站发现有（　　　）时，禁止进行接地网接地电阻的测量。

A. 温度巡检仪发告警信号　　B. 系统接地故障

C. 监控系统停电　　　　　　D. 厂用电消失

答案：B（变电《安规》14.1.10）

【填空题】变电站、发电厂升压站发现有_____时，禁止进行接地网接地电阻的测量。

答案：系统接地故障（变电《安规》14.1.10）

14.1.11　特殊的重要电气试验，应有详细的安全措施，并经单位批准。

【单选题】特殊的重要电气试验，应有详细的安全措施，并经（　　）批准。

A. 单位　　　　　　　　　B. 分管副总

C. 总工程师　　　　　　　D. 总经理

答案：A（变电《安规》14.1.11）

【单选题】特殊的重要电气试验，应有详细的（　　），并经单位批准。

A. 安全措施　　　　　　　B. 操作票

C. 工作计划　　　　　　　D. 试验方案

答案：A（变电《安规》14.1.11）

【判断题】特殊的重要电气试验，应有详细的安全措施，并经单位批准。

答案：正确（变电《安规》14.1.11）

【填空题】特殊的重要电气试验，应有详细的＿＿＿＿，并经单位批准。

答案：安全措施（变电《安规》14.1.11）

14.2 使用携带型仪器的测量工作。

14.2.1 使用携带型仪器在高压回路上进行工作，至少由两人进行。需要高压设备停电或做安全措施的，应填用变电站（发电厂）第一种工作票。

【单选题】使用携带型仪器在高压回路上进行工作，至少由（　　）进行。

A. 一人　　　B. 两人　　　C. 三人　　　D. 四人

答案：B（变电《安规》14.2.1）

【单选题】使用携带型仪器在高压回路上进行工作，至少由两人进行。需要高压设备停电或做安全措施的，应填用变电站（　　）。

A. 第一种工作票　　　　　B. 临时工作任务单

C. 第二种工作票　　　　　D. 试验单

答案：A（变电《安规》14.1.5）

【填空题】使用携带型仪器在高压回路上进行工作，至少由两人进行。需要高压设备停电或做安全措施的，应填用变电站（发电厂）_____。

答案：第一种工作票（变电《安规》14.2.1）

14.2.2 除使用特殊仪器外，所有使用携带型仪器的测量工作，均应在电流互感器和电压互感器的二次侧进行。

【多选题】电气试验时，除使用特殊仪器外，所有使用携带型仪器的测量工作，均应在（　　）进行。

A. 电流互感器的二次侧　　　B. 电流互感器的一次侧

C. 电压互感器的二次侧　　　D. 电压互感器的一次侧

答案：AC（变电《安规》14.2.2）

【判断题】除使用特殊仪器外，所有使用携带型仪器的测量工作，均应在电流互感器和电压互感器的一次侧进行。

答案：错误（变电《安规》14.2.2）

14.2.3 电流表、电流互感器及其他测量仪表的接线和拆卸，需要断开高压回路者，应将此回路所连接的设备和仪器全部停电后，始能进行。

【单选题】电流表、电流互感器及其他测量仪表的接线和拆卸，需要断开高压回路者，应将此回路所连接的设备和仪器(　　)后，始能进行。

A. 全部停电　　　　　　　　B. 带电

C. 部分带电　　　　　　　　D. 部分停电

答案：A（变电《安规》14.2.3）

14.2.4 电压表、携带型电压互感器和其他高压测量仪器的接线和拆卸无须断开高压回路者，可以带电工作。但应使用耐高压的绝缘导线，导线长度应尽可能缩短，不准有接头，并应连接牢固，以防接地和短路。必要时用绝缘物加以固定。使用电压互感器进行工作时，应先将低压侧所有接线接好，然后用绝缘工具将电压互感器接到高压侧。工作时应戴手套和护目眼镜，站在绝缘垫上，并应有专人监护。

【单选题】使用电压互感器进行工作时，先应将低压侧所有接线接好，然后用（　　　）将电压互感器接到高压侧。

A. 绝缘工具　　　　　　　B. 金属工具

C. 毛刷　　　　　　　　　D. 万用表

答案：A（变电《安规》14.2.4）

【单选题】使用电压互感器进行工作时，应戴手套和护目眼镜，站在绝缘垫上，并应有（　　　）。

A. 专人监护　　　　　　　B. 工作票

C. 操作票　　　　　　　　D. 作业指导书

答案：A（变电《安规》14.2.4）

【多选题】电压表、携带型电压互感器和其他高压测量仪器带电作业时，应使用耐高压的绝缘导线，导线长度应尽可能缩短，不准有接头，并应连接牢固，以防（　　　）。

A. 开路　　　B. 缠绕　　　C. 接地　　　D. 短路

答案：CD（变电《安规》14.2.4）

【多选题】使用电压互感器进行工作时，应先将低压侧所有接线接好，然后用绝缘工具将电压互感器接到高压侧。工作时应戴（　　　）。

A. 手套　　　　　　　　　B. 护目眼镜

C. 安全帽　　　　　　　　D. 绝缘鞋

答案：AB（变电《安规》14.2.4）

【填空题】使用电压互感器进行工作时，应先将低压侧所有接线接好，然后用绝缘工具将电压互感器接到高压侧。工作时应戴_____和_____，站在_____上，并应有专人监护。

答案：手套；护目眼镜；绝缘垫（变电《安规》14.2.4）

14.2.5 连接电流回路的导线截面，应适合所测电流数值。连接电压回路的导线截面不得小于 $1.5 mm^2$。

【单选题】使用携带型仪器测量，连接电流回路的导线截面，应适合所测电流数值，连接电压回路的导线截面不得小于（   ）mm²。

A. 0.5   B. 1.0   C. 1.2   D. 1.5

答案：D（变电《安规》14.2.5）

【单选题】使用便携型仪器测量，连接电流回路的导线截面，应适合所测（   ）数值，连接电压回路的导线截面不得小于1.5mm²。

A. 电流   B. 电阻   C. 电容   D. 电抗

答案：A（变电《安规》14.2.5）

【填空题】使用便携型仪器测量，连接电流回路的导线截面，应适合所测电流数值。连接电压回路的导线截面不得小于_____mm²。

答案：1.5（变电《安规》14.2.5）

【判断题】使用携带型仪器测量，连接电流回路的导线截面，应适合所测电流数值，连接电压回路的导线截面不得小于2mm²。

答案：错误（变电《安规》14.2.5）

14.2.6 非金属外壳的仪器，应与地绝缘，金属外壳的仪器和变压器外壳应接地。

【单选题】电气试验中，非金属外壳的仪器，应与地绝缘，金属外壳的仪器和变压器外壳应（   ）。

A. 接地   B. 绝缘   C. 隔离   D. 拆除

答案：A（变电《安规》14.2.6）

【多选题】电气试验中，非金属外壳的仪器应与地绝缘，（   ）应接地。

A. 机械工具   B. 金属外壳的仪器

C. 变压器外壳   D. 电动工具

答案：BC（变电《安规》14.2.6）

【判断题】电气试验中，非金属外壳的仪器，应与地绝缘，金属外壳的仪器和变压器外壳应接地。

答案：正确（变电《安规》14.2.6）

14.2.7 测量用装置必要时应设遮栏或围栏，并悬挂"止步，高压危险！"的标示牌。仪器的布置应使作业人员距带电部位不小于表 1 规定的安全距离。

【单选题】测量用装置必要时应设遮栏或围栏，并悬挂（　　）的标示牌。

A."在此工作！"　　　　　　B."从此进出！"

C."止步，高压危险！"　　　D."禁止攀登，高压危险！"

答案：C（变电《安规》14.2.7）

【填空题】测量用装置必要时应设遮栏或围栏，并悬挂"_____"的标示牌。

答案：止步，高压危险！（变电《安规》14.2.7）

14.3 使用钳型电流表的测量工作。

14.3.1 运维人员在高压回路上使用钳形电流表的测量工作，应由两人进行。非运维人员测量时，应填用变电站（发电厂）第二种工作票。

【单选题】非运维人员在高压回路上使用钳形电流表的测量工作，应填用变电站（　　）工作票。

A. 第一种工作票　　　　　B. 工作任务单

C. 第二种工作票　　　　　D. 临时工作单

答案：A（变电《安规》14.3.1）

【单选题】运维人员在高压回路上使用钳形电流表的测量工作，应由（　　）进行。

A. 两人　　　B. 一人　　　C. 三人　　　D. 四人

答案：A（变电《安规》14.3.1）

【判断题】运维人员在高压回路上使用钳形电流表的测量工作，应由两人进行。非运维人员测量时，应填用变电站（发电厂）第一种工作票。

答案：错误（变电《安规》14.3.1）

14.3.2 在高压回路上测量时，禁止用导线从钳型电流表另接表计测量。

【单选题】在高压回路上测量时，（　　　）用导线从钳形电流表另接表计测量。

A. 禁止　　　　B. 可以　　　　C. 应该　　　　D. 必须

答案：A（变电《安规》14.3.2）

14.3.3　测量时若需拆除遮栏，应在拆除遮栏后立即进行。工作结束，应立即将遮栏恢复原状。

【单选题】测量时若需拆除遮栏，应在拆除遮栏后立即进行。工作结束，应立即将遮栏（　　　）。

A. 安装　　　　　　　　　B. 更换

C. 恢复原状　　　　　　　D. 调整

答案：C（变电《安规》14.3.3）

【判断题】测量时若需拆除遮栏，应在拆除遮栏后立即进行。工作结束，应立即将遮栏恢复原状。

答案：正确（变电《安规》14.3.3）

14.3.4　使用钳型电流表时，应注意钳型电流表的电压等级。测量时戴绝缘手套，站在绝缘垫上，不得触及其他设备，以防短路或接地。观测表计时，要特别注意保持头部与带电部分的安全距离。

【单选题】使用钳型电流表时，应注意钳型电流表的（　　　）。

A. 电压等级　　　　　　　B. 电流等级

C. 准确度等级　　　　　　D. 使用注意事项

答案：A（变电《安规》14.3.4）

【多选题】使用钳形电流表时的安全注意事项有（　　　）。

A. 使用钳型电流表时，应注意钳型电流表的电压等级

B. 测量时戴绝缘手套

C. 观测表计时，要特别注意保持头部与带电部分的安全距离

D. 使用钳型电流表时，应站在绝缘垫上，不得触及其他设备

答案：ABCD（变电《安规》14.3.4）

【填空题】使用钳型电流表时，应注意钳型电流表的电压等

级。测量时戴_____，站在_____上，不得触及其他设备，以防短路或接地。

答案：绝缘手套；绝缘垫（变电《安规》14.3.4）

【简答题】使用钳形电流表时有哪些安全注意事项？

答案：使用钳型电流表时，应注意钳型电流表的电压等级。测量时戴绝缘手套，站在绝缘垫上，不得触及其他设备，以防短路或接地。观测表计时，要特别注意保持头部与带电部分的安全距离。

（变电《安规》14.3.4）

14.3.5 测量低压熔断器和水平排列低压母线电流时，测量前应将各相熔断器和母线用绝缘材料加以包护隔离，以免引起相间短路，同时应注意不得触及其他带电部分。

【单选题】使用钳形电流表测量低压熔断器和水平排列低压母线电流时，应注意不得触及其他（   ）。

A. 检修设备   B. 停电部分

C. 带电部分   D. 停用设备

答案：C（变电《安规》14.3.5）

【填空题】使用钳形电流表测量低压熔断器和水平排列低压母线电流时，测量前应将各相熔断器和母线用绝缘材料加以包护隔离，以免引起_____，同时应注意不得触及其他带电部分。

答案：相间短路（变电《安规》14.3.5）

14.3.6 在测量高压电缆各相电流时，电缆头线间距离应在300mm 以上，且绝缘良好，测量方便者，方可进行。当有一相接地时，禁止测量。

【单选题】在测量高压电缆各相电流时，电缆头线间距离应在（   ）mm 以上。

A. 300   B. 2000   C. 1500   D. 100

答案：A（变电《安规》14.3.6）

【多选题】用钳形电流表测量高压电缆各相电流时，满足下

列哪些条件方可进行？（　　　）

    A. 电缆头线间距离在 300mm 以上

    B. 电缆及电缆头绝缘良好

    C. 测量方便

    D. 电缆停电

    答案：ABC（变电《安规》14.3.6）

    【判断题】用钳形电流表测量测量高压电缆各相电流时，电缆头线间距离应在 300mm 以上，且绝缘良好，测量方便者，方可进行。当有一相接地时，可以测量。

    答案：错误（变电《安规》14.3.6）

14.3.7 钳形电流表应保存在干燥的室内，使用前要擦拭干净。

    【单选题】钳形电流表应保存在（　　　），使用前要擦拭干净。

    A. 仓库　　　　　　　　　　B. 集控室

    C. 干燥的室内　　　　　　　D. 配电室

    答案：C（变电《安规》14.3.7）

    【判断题】钳形电流表应保存在干燥的室内，使用前要擦拭干净。

    答案：正确（变电《安规》14.3.7）

14.4 使用绝缘电阻表测量绝缘的工作。

14.4.1 使用绝缘电阻表测量高压设备绝缘，应由两人进行。

    【单选题】使用绝缘电阻表测量高压设备绝缘，应由（　　　）进行。

    A. 一人　　　B. 两人　　　C. 三人　　　D. 四人

    答案：B（变电《安规》14.4.1）

14.4.2 测量用的导线，应使用相应的绝缘导线，其端部应有绝缘套。

    【单选题】绝缘电阻表测量用的导线，应使用相应的（　　　），其端部应有绝缘套。

    A. 裸铜线　　　　　　　　　B. 绝缘导线

C. 裸铝线   D. 钢线

答案：B（变电《安规》14.4.2）

【单选题】绝缘电阻表测量用的导线，应使用相应的绝缘导线，其端部应有（   ）。

A. 防护   B. 绝缘套

C. 绝缘措施   D. 防护层

答案：B（变电《安规》14.4.2）

【填空题】绝缘电阻表测量用的导线，应使用相应的_____，其端部应有绝缘套。

答案：绝缘导线（变电《安规》14.4.2）

14.4.3　测量绝缘时，应将被测设备从各方面断开，验明无电压，确实证明设备无人工作后，方可进行。在测量中禁止他人接近被测设备。在测量绝缘前后，应将被测设备对地放电。测量线路绝缘时，应取得许可并通知对侧后方可进行。

【单选题】在测量绝缘前后，应将被测设备（   ）。

A. 放电   B. 对地放电

C. 接地放电   D. 接地

答案：B（变电《安规》14.4.3）

【多选题】使用绝缘电阻表测量绝缘时的安全规定有（   ）。

A. 测量绝缘时，应将被测设备从各方面断开，验明无电压，确实证明设备无人工作后，方可进行

B. 在测量中禁止他人接近被测设备

C. 在测量绝缘前后，应将被测设备对地放电

D. 测量线路绝缘时，应取得许可并通知对侧后方可进行

答案：ABCD（变电《安规》14.4.3）

【填空题】测量绝缘时，在测量中禁止他人接近被测设备。在测量绝缘前后，应将被测设备_____。

答案：对地放电（变电《安规》14.4.3）

【简答题】使用绝缘电阻表测量绝缘时的安全规定有哪些？

答案：测量绝缘时，应将被测设备从各方面断开，验明无电压，确实证明设备无人工作后，方可进行。在测量中禁止他人接近被测设备。在测量绝缘前后，应将被测设备对地放电。测量线路绝缘时，应取得许可并通知对侧后方可进行。

（变电《安规》14.4.3）

14.4.4 在有感应电压的线路上测量绝缘时，应将相关线路同时停电，方可进行。雷电时，禁止测量线路绝缘。

【单选题】在有（   ）的线路上测量绝缘时，应将相关线路同时停电，方可进行。

A. 感应电压　　　　　　　B. 绝缘外皮
C. 带负荷　　　　　　　　D. 停用
答案：A（变电《安规》14.4.4）

【判断题】在有感应电压的线路上测量绝缘时，应将相关线路同时停电，方可进行。雷电时，禁止测量线路绝缘。

答案：正确（变电《安规》14.4.4）

14.4.5 在带电设备附近测量绝缘电阻时，测量人员和绝缘电阻表安放位置，应选择适当，保持安全距离，以免绝缘电阻表引线或引线支持物触碰带电部分。移动引线时，应注意监护，防止作业人员触电。

【单选题】在带电设备附近测量绝缘电阻时，测量人员和绝缘电阻表安放位置，应选择适当，保持（   ）。

A. 安全距离　　　　　　　B. 足够距离
C. 要求距离　　　　　　　D. 适当距离
答案：A（变电《安规》14.4.5）

【多选题】在带电设备附近测量绝缘电阻时，应保持安全距离，避免（   ）触碰带电部分。

A. 绝缘电阻表引线　　　　B. 引线支持物
C. 绝缘电阻表　　　　　　D. 测量设备
答案：AB（变电《安规》14.4.5）

【多选题】在带电设备附近测量绝缘电阻时，有哪些安全注意事项？（　　）

A. 在带电设备附近测量绝缘电阻时，测量人员和绝缘电阻表安放位置，应选择适当

B. 在带电设备附近测量绝缘电阻时，应选择适当，保持安全距离

C. 移动引线时，应注意监护，应防止作业人员触电

D. 在带电设备附近测量绝缘电阻时，应戴绝缘手套

答案：ABC（变电《安规》14.4.5）

【问答题】在带电设备附近测量绝缘电阻时，有哪些安全注意事项？

答案：在带电设备附近测量绝缘电阻时，测量人员和绝缘电阻表安放位置，应选择适当，保持安全距离，以免绝缘电阻表引线或引线支持物触碰带电部分。移动引线时，应注意监护，防止作业人员触电。

（变电《安规》14.4.5）

15 电力电缆工作

15.1 电力电缆工作的基本要求。

15.1.1 工作前应详细核对电缆标志牌的名称与工作票所写的相符，安全措施正确可靠后，方可开始工作。

【单选题】电力电缆工作前应详细核对电缆标志牌的名称与（　　）所写的相符，安全措施正确可靠后，方可开始工作。

A. 说明书　　　　　　　　B. 工作票

C. 工作任务单　　　　　　D. 操作票

答案：B（变电《安规》15.1.1）

【判断题】电力电缆工作前应详细核对电缆标志牌的名称与工作票所写的相符，安全措施正确可靠后，方可开始工作。

答案：正确（变电《安规》15.1.1）

【填空题】电力电缆工作前应详细核对电缆标志牌的名称与_____所写的相符，_____正确可靠后，方可开始工作。

答案：工作票；安全措施（变电《安规》15.1.1）

15.1.2 填用电力电缆第一种工作票的工作应经调控人员的许可，填用电力电缆第二种工作票的工作可不经调控人员的许可。若进入变电站、配电站、发电厂工作，都应经运维人员许可。

【单选题】若进入变电站、配电站、发电厂进行电力电缆工作，都应经（　　）许可。

A. 工作负责人　　　　　　B. 工区领导

C. 调控人员　　　　　　　D. 运维人员

答案：D（变电《安规》15.1.2）

【单选题】填用电力电缆第一种工作票的工作应经（　　）的许可。

A. 工作负责人　　　　　　B. 工区领导

C. 调控人员　　　　　　　　D. 运维人员

答案：C（变电《安规》15.1.2）

【单选题】填用电力电缆第二种工作票的工作可不经过（　　）的许可。

A. 工作负责人　　　　　　　B. 工区领导

C. 调控人员　　　　　　　　D. 运维人员

答案：C（变电《安规》15.1.2）

【判断题】填用电力电缆第一种工作票的工作应经调控人员的许可，填用电力电缆第二种工作票的工作可不经调控人员的许可。

答案：正确（变电《安规》15.1.2）

15.1.3 电力电缆设备的标志牌要与电网系统图、电缆走向图和电缆资料的名称一致。

【单选题】电力电缆设备的（　　）要与电网系统图、电缆走向图和电缆资料的名称一致。

A. 外壳　　　B. 绝缘层　　　C. 柜门　　　D. 标志牌

答案：D（变电《安规》15.1.3）

【多选题】电力电缆设备的标志牌要与（　　）的名称一致。

A. 电网系统图　　　　　　　B. 电缆走向图

C. 施工示意图　　　　　　　D. 电缆资料

答案：ABD（变电《安规》15.1.3）

15.2 电力电缆作业时的安全措施。

15.2.1 电缆施工的安全措施。

15.2.1.1 电缆直埋敷设施工前应先查清图纸，再开挖足够数量的样洞和样沟，摸清地下管线分布情况，以确定电缆敷设位置及确保不损坏运行电缆和其他地下管线。

【单选题】电缆直埋敷设施工前应先查清（　　），再开挖足够数量的样洞和样沟，摸清地下管线分布情况，以确定电缆敷设位置及确保不损坏运行电缆和其他地下管线。

A. 图纸　　　　　　　　　　B. 电缆运行记录

C. 历史资料　　　　　　　　D. 电缆出厂资料

答案：A（变电《安规》15.2.1.1）

【多选题】电缆直埋敷设施工前应先查清图纸，再开挖足够数量的（　　），以摸清地下管线分布情况。

A. 土石　　　B. 样洞　　　C. 管线　　　D. 样沟

答案：BD（变电《安规》15.2.1.1）

【判断题】电缆直埋敷设施工前应先查清图纸，只需再开挖一个样洞和样沟即可。

答案：错误（变电《安规》15.2.1.1）

15.2.1.4　沟（槽）开挖深度达到 1.5m 及以上时，应采取措施防止土层塌方。

【单选题】沟（槽）开挖深度达到（　　）m 及以上时，应采取措施防止土层塌方。

A. 0.8　　　B. 1.0　　　C. 1.2　　　D. 1.5

答案：D（变电《安规》15.2.1.4）

15.2.1.8　移动电缆接头一般应停电进行。如必须带电移动，应先调查该电缆的历史记录，由有经验的施工人员，在专人统一指挥下，平正移动。

【单选题】移动电缆接头一般应（　　）进行。

A. 带电　　　B. 停电　　　C. 两人　　　D. 一人

答案：B（变电《安规》15.2.1.8）

【多选题】如必须带电移动电缆接头，下列描述正确的有（　　）。

A. 应先调查该电缆的历史记录

B. 由有经验的施工人员

C. 在专人的统一指挥下

D. 平正移动

答案：ABCD（变电《安规》15.2.1.8）

15.2.1.9 开断电缆以前，应与电缆走向图图纸核对相符，并使用专用仪器（如感应法）确切证实电缆无电后，用接地的带绝缘柄的铁钎钉入电缆芯后，方可工作。扶绝缘柄的人应戴绝缘手套并站在绝缘垫上，并采取防灼伤措施（如防护面具等）。

【单选题】开断电缆以前，应与电缆走向图图纸核对相符，并使用专用仪器（如感应法）确切证实电缆无电后，用（　　）钉入电缆芯后，方可工作。

A. 带绝缘柄的铁钎　　　　　　B. 接地的铁钎

C. 接地的带绝缘柄的铁钎　　　D. 接地的带手柄的铁钎

答案：C（变电《安规》15.2.1.9）

15.2.1.10 开启电缆井井盖、电缆沟盖板及电缆隧道人孔盖时应使用专用工具，同时注意所立位置，以免坠落。开启后应设置标准路栏围起，并有人看守。作业人员撤离电缆井或隧道后，应立即将井盖盖好。

【判断题】开启电缆井井盖、电缆沟盖板及电缆隧道人孔盖时应使用专用工具，同时注意所立位置，以免坠落。

答案：正确（变电《安规》15.2.1.10）

【多选题】开启电缆井井盖、电缆沟盖板及电缆隧道人孔盖时应注意什么？（　　）

A. 使用专用工具，同时注意所立位置，以免坠落

B. 开启后应设置标准路栏围起

C. 开启后安排专人看守

D. 作业人员撤离电缆井或隧道后，应立即将井盖盖好

答案：ABCD（变电《安规》15.2.1.10）

15.2.1.11 电缆隧道应有充足的照明，并有防火、防水、通风的措施。电缆井内工作时，禁止只打开一只井盖（单眼井除外）。进入电缆井、电缆隧道前，应先用吹风机排除浊气，再用气体检测仪检查井内或隧道内的易燃易爆及有毒气体的含量是否超标，并做好记录。电缆沟的盖板开启后，应自然通风一段时间，经测试

合格后方可下井沟工作。电缆井、隧道内工作时，通风设备应保持常开。在电缆隧（沟）道内巡视时，作业人员应携带便携式气体测试仪，通风不良时还应携带正压式空气呼吸器。

【单选题】电缆隧道应有充足的（　　　　），并有防火、防水、通风的措施。

A. 食物　　　　B. 水分　　　　C. 照明　　　　D. 温度

答案：C（变电《安规》15.2.1.11）

【多选题】进入电缆井、电缆隧道前，应先用吹风机排除浊气，再用气体检测仪检查井内或隧道内的（　　　　）的含量是否超标，并做好记录。

A. 易燃气体　　　　　　　　B. 易爆气体

C. 氧气　　　　　　　　　　D. 有毒气体

答案：ABD（变电《安规》15.2.1.11）

【多选题】电缆隧道应有充足的照明，并有（　　　　）的措施。

A. 防火　　　　B. 防水　　　　C. 通风　　　　D. 防毒

答案：ABC（变电《安规》15.2.1.11）

15.2.1.12　充油电缆施工应做好电缆油的收集工作，对散落在地面上的电缆油要立即覆上黄沙或砂土，及时清除。

【单选题】充油电缆施工应做好电缆油的收集工作，对散落在地面上的电缆油要立即覆上（　　　　），及时清除。

A. 油布　　　　　　　　　　B. 木屑

C. 黄沙或砂土　　　　　　　D. 盖板

答案：C（变电《安规》15.2.1.12）

15.2.1.13　在 10kV 跌落式熔断器与 10kV 电缆头之间，宜加装过渡连接装置，使工作时能与跌落式熔断器上桩头有电部分保持安全距离。在 10kV 跌落式熔断器上桩头有电的情况下，未采取安全措施前，不准在跌落式熔断器下桩头新装、调换电缆尾线或吊装、搭接电缆终端头。如必须进行上述工作，则应采用专用绝缘罩隔离，在下桩头加装接地线。作业人员站在低位，伸手不得超过跌落式熔断器下桩头，并设专人监护。上述加绝缘罩的工作应使用绝缘工具。雨天禁止进行以上工作。

【填空题】在 10kV 跌落式熔断器与 10kV 电缆头之间，宜加装_____装置，使工作时能与跌落式熔断器上桩头有电部分保持_____。

答案：过渡连接；安全距离（变电《安规》15.2.1.13）

15.2.1.15 制作环氧树脂电缆头和调配环氧树脂工作过程中，应采取有效的防毒和防火措施。

【单选题】在制作环氧树脂电缆头和调配环氧树脂工作过程中，应采取有效的（　　）和防火措施。

A. 防毒　　　B. 防潮　　　C. 防坠　　　D. 防止触电

答案：A（变电《安规》15.2.1.15）

【填空题】制作环氧树脂电缆头和调配环氧树脂工作过程中，应采取有效的_____和_____措施。

答案：防毒；防火（变电《安规》15.2.1.15）

【多选题】在制作环氧树脂电缆头和调配环氧树脂工作过程中，应采取有效的（　　）措施。

A. 防毒　　　B. 防潮　　　C. 防火　　　D. 防止触电

答案：AC（变电《安规》15.2.1.15）

15.2.2 电力电缆线路试验安全措施。

15.2.2.1 电力电缆试验要拆除接地线时，应征得工作许可人的许可（根据调控人员指令装设的接地线，应征得调控人员的许可），方可进行。工作完毕后立即恢复。

【单选题】电力电缆试验要拆除接地线时，应征得（　　）的许可（根据调控人员指令装设的接地线，应征得调控人员的许可），方可进行。

A. 工作许可人　　　　　　　B. 工作负责人

C. 工作票签发人　　　　　　D. 班组负责人

答案：A（变电《安规》15.2.2.1）

【填空题】电力电缆试验要拆除接地线时，应征得_____的许可(根据调控人员指令装设的接地线,应征得调控人员的许可),方可进行。

答案：工作许可人（变电《安规》15.2.2.1）

15.2.2.2 电缆耐压试验前，加压端应做好安全措施，防止人员误入试验场所。另一端应设置围栏并挂上警告标示牌。如另一端是上杆的或是锯断电缆处，应派人看守。

【简答题】电力电缆耐压试验前对于非加压端有何要求？

答案：应设置围栏并挂上警告标示牌，如是上杆的或是锯断电缆处，应派人看守。

（变电《安规》15.2.2.2）

15.2.2.3 电缆耐压试验前，应先对设备充分放电。

【多选题】下列关于电力电缆线路试验安全措施描述正确的是（　　　）。

A. 电力电缆试验要拆除接地线时，应征得工作许可人的许可

B. 电缆耐压试验前，加压端应做好安全措施，防止人员误入试验场所

C. 电缆耐压试验前，另一端应设置围栏并挂上警告标示牌

D. 电缆耐压试验前，应先对设备充分放电

答案：ABCD（变电《安规》15.2.2.2～15.2.2.3）

【填空题】电缆耐压试验前，应先对设备充分_____。

答案：放电（变电《安规》15.2.2.3）

【判断题】电缆耐压试验前，应先对设备充分放电。

答案：正确（变电《安规》15.2.2.3）

【问答题】电缆耐压试验前应采取哪些安全措施？

答案：① 电缆耐压试验前，加压端应做好安全措施，防止人员误入试验场所；② 另一端应设置围栏并挂上警告标示牌；③ 如另一端是上杆的或是锯断电缆处，应派人看守；④ 应先对设备进

行充分放电。

（变电《安规》15.2.2.2～15.2.2.3）

15.2.2.4 电缆的试验过程中，更换试验引线时，应先对设备充分放电，作业人员应戴好绝缘手套。

【单选题】电缆的试验过程中，更换试验引线时，应先对设备充分放电，作业人员应戴好（　　　）。

A. 护目镜　　　　　　　　B. 绝缘手套

C. 防护服　　　　　　　　D. 棉质手套

答案：B（变电《安规》15.2.2.4）

【填空题】电缆的试验过程中，更换试验引线时，应先对设备充分_____，作业人员应戴好_____。

答案：放电；绝缘手套（变电《安规》15.2.2.4）

15.2.2.5 电缆耐压试验分相进行时，另两相电缆应接地。

【单选题】电缆耐压试验分相进行时，（　　　）电缆应接地。

A. 三相　　　　B. 试验相　　　　C. 另两相　　　　D. 以上均不对

答案：C（变电《安规》15.2.2.5）

【填空题】电缆耐压试验分相进行时，另_____电缆应接地。

答案：两相（变电《安规》15.2.2.5）

【判断题】电缆耐压试验分相进行时，另两相电缆可以不用接地。

答案：正确（变电《安规》15.2.2.5）

15.2.2.6 电缆试验结束，应对被试电缆进行充分放电，并在被试电缆上加装临时接地线，待电缆尾线接通后才可拆除。

【多选题】电缆试验结束，下列描述正确的是（　　　）。

A. 应对被试电缆进行充分放电

B. 在被试电缆上加装临时接地线

C. 待电缆尾线接通后才可拆除

D. 以上均正确

答案：ABCD（变电《安规》15.2.2.6）

15.2.2.7 电缆故障声测定点时，禁止直接用手触摸电缆外皮或冒烟小洞。

【单选题】电缆故障声测定点时，（　　　）直接用手触摸电缆外皮或冒烟小洞。

A. 禁止   B. 允许

C. 可以   D. 在有人监护时可以

答案：A（变电《安规》15.2.2.7）

16 一般安全措施

16.1 一般注意事项。

16.1.1 在楼板和结构上打孔或在规定地点以外安装起重滑车或堆放重物等，应事先经过本单位有关技术部门的审核许可。规定放置重物及安装滑车的地点应标以明显的标记（标出界限和荷重限度）。

【判断题】在楼板和结构上打孔或在规定地点以外安装起重滑车或堆放重物等，应事先经过本单位安监部门的审核许可。

答案：错误（变电《安规》16.1.1）

【填空题】规定放置重物及安装滑车的地点应标以_____（标出界限和荷重限度）。

答案：明显的标记（变电《安规》16.1.1）

16.1.2 变电站（生产厂房）内外工作场所的井、坑、孔、洞或沟道，应覆以与地面齐平而坚固的盖板。在检修工作中如需将盖板取下，应设临时围栏。临时打的孔、洞，施工结束后，应恢复原状。

【单选题】变电站（生产厂房）内外工作场所的井、坑、孔、洞或沟道，应覆以与地面齐平而坚固的盖板。在检修工作中如需将盖板取下，应设（　　　）。

A. 障碍物　　　　　　　　B. 临时围栏

C. 脚手架　　　　　　　　D. 标示牌

答案：B（变电《安规》16.1.2）

【多选题】变电站（生产厂房）内外工作场所的（　　　），应覆以与地面齐平而坚固的盖板。

A. 井　　　B. 坑、孔　　　C. 沟道　　　D. 洞

答案：ABCD（变电《安规》16.1.2）

【填空题】变电站（生产厂房）内外工作场所的井、坑、孔、洞或沟道，应覆以与地面_____的盖板。

答案：齐平而坚固（变电《安规》16.1.2）

【填空题】变电站（生产厂房）内外工作场所的井、坑、孔、洞或沟道，应覆以与地面齐平而坚固的盖板。在检修工作中如需将盖板取下，应设临时围栏。临时打的孔、洞，施工结束后，应

_____。

答案：恢复原状（变电《安规》16.1.2）

【判断题】变电站（生产厂房）内外工作场所的井、坑、孔、洞或沟道，应覆以与地面齐平而坚固的盖板。

答案：正确（变电《安规》16.1.2）

16.1.3 所有升降口、大小孔洞、楼梯和平台，应装设不低于1050mm 高的栏杆和不低于100mm 高的护板。如在检修期间需将栏杆拆除时，应装设临时遮栏，并在检修结束时将栏杆立即装回。临时遮栏应由上、下两道横杆及栏杆柱组成。上杆离地高度为1050mm～1200mm，下杆离地高度为 500mm～600mm，并在栏杆下边设置严密固定的高度不低于 180mm 的挡脚板。原有高度1000mm 的栏杆可不作改动。

【单选题】临时遮栏应由上、下两道横杆及栏杆柱组成。上杆离地高度为 1050mm～1200mm，下杆离地高度为 500mm～600mm，并在栏杆下边设置严密固定的高度不低于（   ）mm的挡脚板。

A. 120　　　B. 140　　　C. 160　　　D. 180

答案：D（变电《安规》16.1.3）

【单选题】所有升降口、大小孔洞、楼梯和平台，应装设不低于 1050mm 高的栏杆和不低于（   ）mm 高的护板。

A. 60　　　B. 80　　　C. 100　　　D. 120

答案：C（变电《安规》16.1.3）

【单选题】所有升降口、大小孔洞、楼梯和平台，应装设不低

于（　　）mm 高的栏杆和不低于 100mm 高的护板。

  A. 900   B. 950   C. 1000   D. 1050

  答案：D（变电《安规》16.1.3）

【多选题】所有（　　），应装设不低于 1050mm 高的栏杆和不低于 100mm 高的护板。

  A. 升降口   B. 大小孔洞

  C. 楼梯   D. 平台

  答案：ABCD（变电《安规》16.1.3）

【判断题】所有升降口、大小孔洞、楼梯和平台，应装设不低于 1000mm 高的栏杆和不低于 100mm 高的护板。

  答案：错误（变电《安规》16.1.3）

【填空题】所有升降口、大小孔洞、楼梯和平台，应装设不低于_____mm 高的栏杆和不低于_____mm 高的护板。

  答案：1050；100（变电《安规》16.1.3）

16.1.4　变电站（生产厂房）内外的电缆，在进入控制室、电缆夹层、控制柜、开关柜等处的电缆孔洞，应用防火材料严密封闭。

【单选题】变电站（生产厂房）内外的电缆，在进入控制室、电缆夹层、控制柜、开关柜等处的电缆孔洞，应用（　　）严密封闭。

  A. 隔热材料   B. 绝缘材料

  C. 防火材料   D. 泥土

  答案：C（变电《安规》16.1.4）

【多选题】变电站（生产厂房）内外的电缆，在进入（　　）等处的电缆孔洞，应用防火材料严密封闭。

  A. 控制室   B. 电缆夹层

  C. 控制柜   D. 开关柜

  答案：ABCD（变电《安规》16.1.4）

【判断题】变电站（生产厂房）内外的电缆，在进入控制室、电缆夹层、控制柜、开关柜等处的电缆孔洞，应用绝缘材料严密封闭。

答案：错误（变电《安规》16.1.4）

【填空题】变电站（生产厂房）内外的电缆，在进入控制室、电缆夹层、控制柜、开关柜等处的电缆孔洞，应用_____严密封闭。

答案：防火材料（变电《安规》16.1.4）

16.1.5 特种设备［锅炉、压力容器（含气瓶）、压力管道、电梯、起重机械、场（厂）内专用机动车辆］，在使用前应经特种设备检验检测机构检验合格，取得合格证并制定安全使用规定和定期检验维护制度。同时，在投入使用前或者投入使用后 30 日内，使用单位应当向直辖市或者设有区的市的特种设备安全监督管理部门登记。

【单选题】特种设备［锅炉、压力容器（含气瓶）、压力管道、电梯、起重机械、场（厂）内专用机动车辆］，在使用前应经（   ）检验合格，取得合格证并制定安全使用规定和定期检验维护制度。

A. 安监部门　　　　　　　B. 设备运维管理单位
C. 特种设备检验检测机构　D. 电力安全监管机构

答案：C（变电《安规》16.1.5）

【单选题】特种设备在投入使用前或者投入使用后（   ）日内，使用单位应当向直辖市或者设有区的市的特种设备安全监督管理部门登记。

A. 10　　　　B. 30　　　　C. 60　　　　D. 90

答案：B（变电《安规》16.1.5）

【判断题】特种设备在投入使用前或者投入使用后 60 日内，使用单位应当向直辖市或者设有区的市的特种设备安全监督管理部门登记。

答案：错误（变电《安规》16.1.5）

【填空题】特种设备在使用前应经_____检验合格，取得合格证并制定安全使用规定和定期检验维护制度。同时，在投入使用前或者投入使用后_____日内，使用单位应当向直辖市或者设有区的市的特种设备安全监督管理部门登记。

答案：特种设备检验检测机构；30（变电《安规》16.1.5）

16.1.6 各生产场所应有逃生路线的标示。

【判断题】各生产场所应有逃生路线的标示。

答案：正确（变电《安规》16.1.6）

【填空题】各生产场所应有逃生路线的_____。

答案：标示（变电《安规》16.1.6）

16.1.8 在带电设备周围禁止使用钢卷尺、皮卷尺和线尺（夹有金属丝者）进行测量工作。

【单选题】在带电设备周围（　　）使用钢卷尺、皮卷尺和线尺（夹有金属丝者）进行测量工作。

A. 禁止　　　　B. 可以　　　　C. 尽量少　　　D. 应该

答案：A（变电《安规》16.1.8）

【多选题】在带电设备周围禁止使用（　　）进行测量工作。

A. 钢卷尺　　　　　　　　　B. 绝缘尺

C. 皮卷尺　　　　　　　　　D. 线尺（夹有金属丝者）

答案：ACD（变电《安规》16.1.8）

【判断题】在带电设备周围应使用钢卷尺、皮卷尺和线尺进行测量工作。

答案：错误（变电《安规》16.1.8）

【填空题】在带电设备周围_____使用钢卷尺、皮卷尺和线尺（夹有金属丝者）进行测量工作。

答案：禁止（变电《安规》16.1.8）

【简答题】在带电设备周围测量时使用的测量工具有何要求？

答案：在带电设备周围禁止使用钢卷尺、皮卷尺和线尺（夹有金属丝者）进行测量工作。

（变电《安规》16.1.8）

16.1.9 在户外变电站和高压室内搬动梯子、管子等长物，应两人放倒搬运，并与带电部分保持足够的安全距离。

【单选题】在户外变电站和高压室内搬动梯子、管子等长物，应（　　）搬运，并与带电部分保持足够的安全距离。

A. 一人放倒　　　　　　　B. 两人放倒

C. 一人直立　　　　　　　D. 两人直立

答案：B（变电《安规》16.1.9）

【判断题】在户外变电站和高压室内搬动梯子、管子等长物，应两人竖起搬运，并与带电部分保持足够的安全距离。

答案：错误（变电《安规》16.1.9）

【填空题】在户外变电站和高压室内搬动梯子、管子等长物，应两人放倒搬运，并与带电部分保持足够的_____。

答案：安全距离（变电《安规》16.1.9）

16.1.10　在变、配电站（开关站）的带电区域内或临近带电线路处，禁止使用金属梯子。

【单选题】在变、配电站（开关站）的带电区域内或临近带电线路处，禁止使用（　　）梯子。

A. 绝缘　　　B. 金属　　　C. 木质　　　D. 塑料

答案：B（变电《安规》16.1.10）

【判断题】在变、配电站（开关站）的带电区域内或临近带电线路处，禁止使用金属梯子。

答案：正确（变电《安规》16.1.10）

【判断题】在变、配电站（开关站）的带电区域内或临近带电线路处，可以使用金属梯子。

答案：错误（变电《安规》16.1.10）

【填空题】在变、配电站（开关站）的带电区域内或临近带电线路处，禁止使用_____梯子。

答案：金属（变电《安规》16.1.10）

16.2　设备的维护。

16.2.1　机器的转动部分应装有防护罩或其他防护设备（如栅栏），露出的轴端应设有护盖，以防绞卷衣服。禁止在机器转动时，从联轴器（靠背轮）和齿轮上取下防护罩或其他防护设备。

【单选题】机器的（　　）部分应装有防护罩或其他防护设备（如栅栏），露出的轴端应设有护盖，以防绞卷衣服。

A. 带电　　　　B. 运行　　　　C. 转动　　　　D. 凸出

答案：C（变电《安规》16.2.1）

【判断题】机器的转动部分应装有防护罩或其他防护设备（如栅栏），露出的轴端应设有护盖，以防绞卷衣服。

答案：正确（变电《安规》16.2.1）

【填空题】机器的转动部分应装有_____或其他防护设备（如栅栏），露出的轴端应设有护盖，以防绞卷衣服。

答案：防护罩（变电《安规》16.2.1）

【简答题】变电《安规》对机器的转动部分应采取哪些防护措施？

答案：机器的转动部分应装有防护罩或其他防护设备（如栅栏），露出的轴端应设有护盖，以防绞卷衣服。

（变电《安规》16.2.1）

16.2.2　变电站（生产厂房）外墙、竖井等处固定的爬梯，应牢固可靠，并设护笼，高百米以上的爬梯，中间应设有休息的平台，并应定期进行检查和维护。上爬梯应逐档检查爬梯是否牢固，上下爬梯应抓牢，并不准两手同时抓一个梯阶。垂直爬梯宜设置人员上下作业的防坠安全自锁装置或速差自控器，并制定相应的使用管理规定。

【单选题】变电站（生产厂房）外墙、竖井等处固定的爬梯，应牢固可靠，并设护笼，高（　　）m以上的爬梯，中间应设有休息的平台，并应定期进行检查和维护。

A. 10　　　　B. 30　　　　C. 50　　　　D. 100

答案：D（变电《安规》16.2.2）

【单选题】垂直爬梯宜设置人员上下作业的（　　）或速差自控器，并制定相应的使用管理规定。

A. 防踩空装置　　　　　　　　B. 防坠安全自锁装置

C. 防剐蹭装置   D. 防滑装置

答案：B（变电《安规》16.2.2）

【填空题】变电站（生产厂房）外墙、竖井等处固定的爬梯，应牢固可靠，并设_____，高_____以上的爬梯，中间应设有休息的平台，并应定期进行检查和维护。

答案：护笼；百米（变电《安规》16.2.2）

【多选题】关于变电站（生产厂房）外墙、竖井等处固定的爬梯，以下说法正确的是（　　　）。

A. 爬梯应牢固可靠，并设护笼

B. 高百米以上的爬梯，中间应设有休息的平台

C. 爬梯应定期进行检查和维护

D. 垂直爬梯宜设置人员上下作业的防坠安全自锁装置或速差自控器，并制定相应的使用管理规定

答案：ABCD（变电《安规》16.2.2）

【判断题】垂直爬梯宜设置人员上下作业的防坠安全自锁装置或速差自控器，并制定相应的使用管理规定。

答案：正确（变电《安规》16.2.2）

【简答题】对于变电站（生产厂房）外墙、竖井等处固定的爬梯有什么要求？

答案：变电站（生产厂房）外墙、竖井等处固定的爬梯，应牢固可靠，并设护笼，高百米以上的爬梯，中间应设有休息的平台，并应定期进行检查和维护。上爬梯应逐档检查爬梯是否牢固，上下爬梯应抓牢，并不准两手同时抓一个梯阶。垂直爬梯宜设置人员上下作业的防坠安全自锁装置或速差自控器，并制定相应的使用管理规定。

（变电《安规》16.2.2）

16.3 一般电气安全注意事项。

16.3.1 所有电气设备的金属外壳均应有良好的接地装置。使用中不准将接地装置拆除或对其进行任何工作。

【单选题】所有电气设备的（　　）均应有良好的接地装置。

A. 接线 　　　　　　　　B. 塑料外壳

C. 开关 　　　　　　　　D. 金属外壳

答案：D（变电《安规》16.3.1）

【单选题】所有电气设备的金属外壳均应有良好的（　　）。

A. 接地装置 　　　　　　B. 防爆装置

C. 开关 　　　　　　　　D. 安全装置

答案：A（变电《安规》16.3.1）

【判断题】所有电气设备的金属外壳均应有良好的接地装置。

答案：正确（变电《安规》16.3.1）

【填空题】所有电气设备的金属外壳均应有良好的_____。

答案：接地装置（变电《安规》16.3.1）

16.3.2 手持电动工器具如有绝缘损坏、电源线护套破裂、保护线脱落、插头插座裂开或有损于安全的机械损伤等故障时，应立即进行修理，在未修复前，不得继续使用。

【多选题】手持电动工器具如有（　　）或有损于安全的机械损伤等故障时，应立即进行修理，在未修复前，不得继续使用。

A. 绝缘损坏 　　　　　　B. 电源线护套破裂

C. 保护线脱落 　　　　　D. 插头插座裂开

答案：ABCD（变电《安规》16.3.2）

【判断题】手持电动工器具如有电源线护套破裂可以继续使用。

答案：错误（变电《安规》16.3.2）

16.3.3 遇有电气设备着火时，应立即将有关设备的电源切断，然后进行救火。消防器材的配备、使用、维护，消防通道的配置等应遵守 DL 5027 的规定。

【单选题】遇有电气设备着火时，应立即将有关设备的（　　），然后进行救火。

A. 保护停用 　　　　　　B. 电源切断

C. 外壳接地　　　　　　　　　D. 退出运行

答案：B（变电《安规》16.3.3）

【判断题】遇有电气设备着火时，应立即将有关设备的电源切断，然后进行救火。

答案：正确（变电《安规》16.3.3）

【填空题】遇有电气设备着火时，应立即将有关设备的_____，然后进行_____。

答案：电源切断；救火（变电《安规》16.3.3）

【简答题】简述电气设备着火时的紧急处理原则是什么？

答案：遇有电气设备着火时，应立即将有关设备的电源切断，然后进行救火。

（变电《安规》16.3.3）

16.3.4 工作场所的照明，应该保证足够的亮度。在操作盘、重要表计、主要楼梯、通道、调控中心、机房、控制室等地点，还应设有事故照明。现场的临时照明线路应相对固定，并经常检查、维修。照明灯具的悬挂高度应不低于 2.5m，并不得任意挪动；低于 2.5m 时应设保护罩。

【单选题】工作场所的照明，应该保证足够的亮度。在操作盘、重要表计、主要楼梯、通道、调控中心、机房、控制室等地点，还应设有（　　）照明。

A. 工作　　　B. 检修　　　C. 事故　　　D. 临时

答案：C（变电《安规》16.3.4）

【单选题】工作场所的照明，应该保证足够的亮度。照明灯具的悬挂高度应不低于（　　）m，并不得任意挪动。

A. 1.0　　　B. 1.5　　　C. 2.0　　　D. 2.5

答案：D（变电《安规》16.3.4）

【多选题】关于工作场所的照明，以下说法中正确的是（　　）。

A. 应该保证足够的亮度

B. 在操作盘、重要表计、主要楼梯、通道、调控中心、机房、

控制室等地点，还应设有事故照明

C. 现场的临时照明线路应相对固定，并经常检查、维修

D. 照明灯具的悬挂高度应不低于 2m，并不得任意挪动；低于 2m 时应设保护罩

答案：ABC（变电《安规》16.3.4）

【判断题】工作场所的照明，应该保证足够的亮度。照明灯具的悬挂高度应不低于 2m，并不得任意挪动；低于 2m 时应设保护罩。

答案：错误（变电《安规》16.3.4）

【填空题】工作场所的照明，应该保证足够的亮度。照明灯具的悬挂高度应不低于_____m，并不得任意挪动。

答案：2.5（变电《安规》16.3.4）

16.3.5 检修动力电源箱的支路开关都应加装剩余电流动作保护器（漏电保护器）并应定期检查和试验。

【单选题】检修动力电源箱的支路开关都应加装剩余电流动作保护器（漏电保护器）并应定期（　　　）。

A. 检查和试验　　　　　　B. 校验和更换

C. 检查和更换　　　　　　D. 校验和试验

答案：A（变电《安规》16.3.5）

【多选题】检修动力电源箱的支路开关都应加装剩余电流动作保护器（漏电保护器）并应定期（　　　）。

A. 检查　　　B. 更换　　　C. 试验　　　D. 送检

答案：AC（变电《安规》16.3.5）

【判断题】检修动力电源箱的支路开关都应加装剩余电流动作保护器（漏电保护器）并应定期检查和试验。

答案：正确（变电《安规》16.3.5）

【填空题】检修动力电源箱的支路开关都应加装_____并应定期检查和试验。

答案：剩余电流动作保护器（漏电保护器）（变电《安规》16.3.5）

16.4 工具的使用。

16.4.1 一般工具。

16.4.1.1 使用工具前应进行检查，机具应按其出厂说明书和铭牌的规定使用，不准使用已变形、已破损或有故障的机具。

【单选题】使用工具前应进行（　　），机具应按其出厂说明书和铭牌的规定使用，不准使用已变形、已破损或有故障的机具。

A. 检查　　　　B. 维护　　　　C. 擦拭　　　　D. 保养

答案：A（变电《安规》14.1.5）

【多选题】使用工具前应进行检查，机具应按（　　）要求使用。

A. 出厂说明书规定　　　　B. 铭牌的规定

C. 厂家的规定　　　　　　D. 公司的管理规定

答案：AB（变电《安规》16.4.1.1）

【多选题】使用工具前应进行检查，机具应按其出厂说明书和铭牌的规定使用，不准使用（　　）的机具。

A. 已变形　　B. 已破损　　C. 有污渍　　D. 有故障

答案：ABD（变电《安规》16.4.1.1）

16.4.1.2 大锤和手锤的锤头应完整，其表面应光滑微凸，不准有歪斜、缺口、凹入及裂纹等情形。大锤及手锤的柄应用整根的硬木制成，不准用大木料劈开制作，也不能用其他材料替代，应装得十分牢固，并将头部用楔栓固定。锤把上不可有油污。不准戴手套或用单手抡大锤，周围不准有人靠近。在狭窄区域，使用大锤应注意周围环境，避免反击力伤人。

【单选题】大锤及手锤的柄应用（　　）制成，不准用大木料劈开制作，也不能用其他材料替代，应装得十分牢固，并将头部用楔栓固定。

A. 整根的硬木　　　　B. 成型的橡胶

C. 坚硬的金属　　　　D. 成型的树脂

答案：A（变电《安规》16.4.1.2）

【单选题】不准戴手套或用单手抡大锤，周围不准（　　　）。

A. 有人　　　　　　　　　　B. 有人靠近

C. 有人工作　　　　　　　　D. 有人监督

答案：B（变电《安规》16.4.1.2）

【多选题】工作中使用大锤的安全注意事项有（　　　）。

A. 不准戴手套或用单手抡大锤

B. 周围不准有人靠近

C. 在狭窄区域，使用大锤应注意周围环境，避免反击力伤人

D. 大锤和手锤的锤头应完整

答案：ABCD（变电《安规》16.4.1.2）

【多选题】大锤和手锤的锤头应完整，其表面应光滑微凸，不准有（　　　）等情形。

A. 歪斜　　　　B. 缺口　　　　C. 凹入　　　　D. 裂纹

答案：ABCD（变电《安规》16.4.1.2）

【多选题】关于大锤和手锤，以下说法正确的是（　　　）。

A. 大锤和手锤的锤头应完整，其表面应光滑微凸

B. 大锤及手锤的柄应用整根的硬木制成

C. 锤把上不可有油污

D. 在狭窄区域，使用大锤应注意周围环境，避免反击力伤人

答案：ABCD（变电《安规》16.4.1.2）

【简答题】工作中使用大锤的安全注意事项有哪些？

答案：大锤和手锤的锤头应完整，其表面应光滑微凸，不准有歪斜、缺口、凹入及裂纹等情形。大锤及手锤的柄应用整根的硬木制作，不准用大木料劈开制作，也不能用其他材料替代，应装得十分牢固，并将头部用楔栓固定。锤把上不可有油污。不准戴手套或用单手抡大锤，周围不准有人靠近。在狭窄区域，使用大锤应注意周围环境，避免反击力伤人。

（变电《安规》16.4.1.2）

16.4.1.3 用凿子凿坚硬或脆性物体时（如生铁、生铜、水泥等），

应戴防护眼镜，必要时装设安全遮栏，以防碎片打伤旁人。凿子被锤击部分有伤痕不平整、沾有油污等，不准使用。

【单选题】用凿子凿坚硬或脆性物体时（如生铁、生铜、水泥等），应戴（　　　），必要时装设安全遮栏，以防碎片打伤旁人。

A. 口罩　　　　　　　　　B. 耳罩

C. 防护眼镜　　　　　　　D. 防毒面具

答案：C（变电《安规》16.4.1.3）

【多选题】下列使用凿子的工作需戴防护眼镜的有（　　　）。

A. 用凿子凿生铁工件时　　B. 用凿子凿生铜工件时

C. 用凿子凿水泥板时　　　D. 用凿子凿水泥地面时

答案：ABCD（变电《安规》16.4.1.3）

【多选题】凿子被锤击部分有（　　　），不准使用。

A. 伤痕　　　　　　　　　B. 不平整

C. 沾有油污　　　　　　　D. 有水

答案：ABC（变电《安规》16.4.1.3）

【填空题】用凿子凿坚硬或脆性物体时（如生铁、生铜、水泥等），应戴_____，必要时装设安全遮栏，以防碎片打伤旁人。

答案：防护眼镜（变电《安规》16.4.1.3）

16.4.1.4　锉刀、手锯、木钻、螺丝刀等的手柄应安装牢固，没有手柄的不准使用。

【多选题】（　　　）等的手柄应安装牢固，没有手柄的不准使用。

A. 锉刀　　　B. 手锯　　　C. 木钻　　　D. 螺丝刀

答案：ABCD（变电《安规》16.4.1.4）

16.4.1.5　使用钻床时，应将工件设置牢固后，方可开始工作。清除钻孔内金属碎屑时，应先停止钻头的转动。禁止用手直接清除铁屑。使用钻床时不准戴手套。

【单选题】清除钻孔内金属碎屑时，应先（　　　）。

A. 停止钻头的转动　　　　B. 开票

C. 编写安全措施　　　　　D. 准备工具

答案：A（变电《安规》16.4.1.5）

【单选题】使用钻床时，应将工件设置牢固后，方可开始工作。清除钻孔内金属碎屑时，应先停止钻头的转动。禁止用手直接清除铁屑。使用钻床时不准戴（   ）。

A. 手套　　　　　　　　　B. 防护眼镜

C. 口罩　　　　　　　　　D. 耳塞

答案：A（变电《安规》16.4.1.5）

【多选题】关于钻床的使用，以下说法正确的是（   ）。

A. 使用钻床时，应将工件设置牢固后，方可开始工作

B. 清除钻孔内金属碎屑时，应先停止钻头的转动

C. 禁止用手直接清除铁屑

D. 使用钻床应戴手套

答案：ABC（变电《安规》16.4.1.5）

【判断题】使用钻床时，禁止用手直接清除铁屑。

答案：正确（变电《安规》16.4.1.5）

16.4.1.6 使用锯床时，工件应夹牢，长的工件两头应垫牢，并防止工件锯断时伤人。

【单选题】使用锯床时，工件应夹牢，长的工件（   ）应垫牢，并防止工件锯断时伤人。

A. 一头　　　　　　　　　B. 两头

C. 较低一头　　　　　　　D. 不平一头

答案：B（变电《安规》16.4.1.6）

【填空题】使用锯床时，工件应_____，长的工件_____应垫牢，并防止工件锯断时伤人。

答案：夹牢；两头（变电《安规》16.4.1.6）

16.4.1.7 使用射钉枪、压接枪等爆发性工具时，除严格遵守说明书的规定外，还应遵守爆破的有关规定。

【单选题】使用射钉枪、压接枪等爆发性工具时，除严格遵守说明书的规定外，还应遵守（   ）的有关规定。

A. 爆破　　　B. 技术　　　C. 质检　　　D. 安全

答案：A（变电《安规》16.4.1.7）

【多选题】使用射钉枪、压接枪等爆发性工具时，应遵守（　　）。

A. 说明书的规定　　　　　B. 爆破的有关规定

C. 专工编写的规定　　　　D. 安监局的规定

答案：AB（变电《安规》16.4.1.7）

【判断题】使用射钉枪、压接枪等爆发性工具时，除严格遵守说明书的规定外，还应遵守爆破的有关规定。

答案：正确（变电《安规》16.4.1.7）

16.4.1.8　砂轮应进行定期检查。砂轮应无裂纹及其他不良情况。砂轮应装有用钢板制成的防护罩，其强度应保证当砂轮碎裂时挡住碎块。防护罩至少要把砂轮的上半部罩住。禁止使用没有防护罩的砂轮（特殊工作需要的手提式小型砂轮除外）。砂轮机的安全罩应完整。应经常调节防护罩的可调护板，使可调护板和砂轮间的距离不大于 1.6mm。应随时调节工件托架以补偿砂轮的磨损，使工件托架和砂轮间的距离不大于 2mm。使用砂轮研磨时，应戴防护眼镜或装设防护玻璃。用砂轮磨工具时应使火星向下。不准用砂轮的侧面研磨。无齿锯应符合上述各项规定。使用时操作人员应站在锯片的侧面，锯片应缓慢地靠近被锯物件，不准用力过猛。

【单选题】砂轮应装有用（　　）制成的防护罩，其强度应保证当砂轮碎裂时挡住碎块。

A. 木板　　　B. 钢板　　　C. 铝塑板　　　D. 树脂板

答案：B（变电《安规》16.4.1.8）

【单选题】砂轮应进行定期检查。砂轮应无裂纹及其他不良情况。砂轮应装有用钢板制成的防护罩，其强度应保证当砂轮碎裂时挡住碎块。防护罩至少要把砂轮的（　　）罩住。

A. 三分之一　　　　　　　B. 上半部

C. 三分之二　　　　　　　D. 中间部位

答案：B（变电《安规》16.4.1.8）

【单选题】使用砂轮时，应随时调节砂轮工件托架以补偿砂轮的磨损，使工件托架和砂轮间的距离不大于（　　　）mm。

A. 1.6　　　　B. 1.7　　　　C. 1.8　　　　D. 2.0

答案：D（变电《安规》16.4.1.8）

【单选题】使用砂轮研磨时，应戴（　　）或装设防护玻璃。

A. 防护眼镜　　　　　　　　B. 墨镜

C. 眼镜　　　　　　　　　　D. 手套

答案：A（变电《安规》16.4.1.8）

【单选题】应经常调节防护罩的可调护板，使可调护板和砂轮间的距离不大于（　　）mm。

A. 1.6　　　　B. 1.7　　　　C. 1.8　　　　D. 2.0

答案：A（变电《安规》16.4.1.8）

【单选题】禁止使用没有（　　）的砂轮。

A. 防护罩　　　B. 砂轮片　　　C. 托架　　　D. 挡板

答案：A（变电《安规》16.4.1.8）

【多选题】使用砂轮机的安全注意事项有（　　）。

A. 砂轮应进行定期检查

B. 砂轮应无裂纹及其他不良情况

C. 禁止使用没有防护罩的砂轮

D. 使用砂轮研磨时，应戴防护眼镜或装设防护玻璃

答案：ABCD（变电《安规》16.4.1.8）

【多选题】下列关于砂轮机的使用说法正确的有（　　）。

A. 用砂轮磨工具时应使火星向下

B. 不准用砂轮的侧面研磨

C. 禁止使用没有防护罩的砂轮

D. 使用砂轮研磨时，应戴防护眼镜或装设防护玻璃

答案：ABCD（变电《安规》16.4.1.8）

【填空题】使用砂轮研磨时，应戴_____或装设防护玻璃。

答案：防护眼镜（变电《安规》16.4.1.8）

【判断题】使用砂轮时，应随时调节砂轮工件托架以补偿砂轮的磨损，使工件托架和砂轮间的距离不大于1.8mm。

答案：错误（变电《安规》16.4.1.8）

16.4.2 电气工具和用具。

16.4.2.1 电气工具和用具应由专人保管，每6个月应由电气试验单位进行定期检查；使用前应检查电线是否完好，有无接地线；不合格的禁止使用；使用时应按有关规定接好剩余电流动作保护器（漏电保护器）和接地线；使用中发生故障，应立即修复。

【单选题】电气工具和用具应由专人保管，每（　　　）应由电气试验单位进行定期检查。

A. 6个月　　　B. 3个月　　　C. 1年　　　　D. 1个月

答案：A（变电《安规》16.4.2.1）

【单选题】电气工具使用前应检查电线是否完好，有无（　　　）。

A. 保险　　　B. 接地线　　　C. 说明书　　　D. 检验标志

答案：B（变电《安规》16.4.2.1）

【单选题】电气工具使用中发生故障，应立即（　　　）。

A. 更换　　　　　　　　　B. 修复

C. 报告专工　　　　　　　D. 报告值长

答案：B（变电《安规》16.4.2.1）

【多选题】电气工具使用时应按有关规定接好（　　　）；使用中发生故障，应立即修复。

A. 余电流动作保护器　　　B. 接地线

C. 插排　　　　　　　　　D. 电源开关

答案：AB（变电《安规》16.4.2.1）

【多选题】电气工具和用具使用前后的注意事项有（　　　）。

A. 电气工具和用具使用前应检查电线是否完好

B. 不合格的禁止使用

C. 使用时应按有关规定接好剩余电流动作保护器（漏电保护

器）和接地线

D. 使用中发生故障，应立即修复

答案：AB（变电《安规》16.4.2.1）

【填空题】电气工具和用具应由专人保管，每_____个月应由电气试验单位进行定期检查。

答案：6（变电《安规》16.4.2.1）

【简答题】电气工具和用具使用前后的注意事项有哪些？

答案：电气工具和用具使用前应检查电线是否完好，有无接地线；不合格的禁止使用；使用时应按有关规定接好剩余电流动作保护器（漏电保护器）和接地线；使用中发生故障，应立即修复。

（变电《安规》16.4.2.1）

16.4.2.2　使用金属外壳的电气工具时应戴绝缘手套。

【单选题】使用金属外壳的电气工具时应戴（　　　）。

A. 胶质手套　　　　　　　B. 绝缘手套

C. 全棉手套　　　　　　　D. 手套

答案：B（变电《安规》16.4.2.2）

16.4.2.3　使用电气工具时，不准提着电气工具的导线或转动部分。在梯子上使用电气工具，应做好防止感电坠落的安全措施。在使用电气工具工作中，因故离开工作场所或暂时停止工作以及遇到临时停电时，应立即切断电源。

【单选题】使用电气工具时，不准提着电气工具的导线或转动部分。在梯子上使用电气工具，应做好防止（　　　）的安全措施。

A. 感电坠落　　　　　　　B. 触电坠落

C. 高处坠落　　　　　　　D. 防止坠落

答案：A（变电《安规》16.4.2.3）

【多选题】使用电气工具时，安全注意事项有（　　　）。

A. 不准提着电气工具的导线或转动部分

B. 在梯子上使用电气工具，应做好防止感电坠落的安全措施

C. 因故离开工作场所或暂时停止工作以及遇到临时停电时，应立即切断电源

D. 使用电气工具不应戴手套

答案：ABC（变电《安规》16.4.2.3）

【填空题】使用电气工具时，不准提着电气工具的导线或转动部分。在梯子上使用电气工具，应做好防止_____的安全措施。

答案：感电坠落（变电《安规》16.4.2.3）

【判断题】在使用电气工具工作中，因故离开工作场所或暂时停止工作以及遇到临时停电时，应立即切断电源。

答案：正确（变电《安规》16.4.2.3）

16.4.2.4 使用手持行灯应注意下列事项：

a） 手持行灯电压不准超过 36V。在特别潮湿或周围均属金属导体的地方工作时，如在金属容器或水箱等内部，行灯的电压不准超过 12V。

b） 行灯电源应由携带式或固定式的隔离变压器供给，变压器不准放在金属容器或水箱等内部。

c） 携带式行灯变压器的高压侧，应带插头，低压侧带插座，并采用两种不能互相插入的插头。

d） 行灯变压器的外壳应有良好的接地线，高压侧宜使用单相两极带接地插头。

【单选题】手持行灯电压不准超过（　　）V。

A. 24　　　　B. 36　　　　C. 100　　　　D. 120

答案：B（变电《安规》16.4.2.4）

【单选题】在特别潮湿或周围均属金属导体的地方工作时，如在金属容器或水箱等内部，行灯的电压不准超过（　　）V。

A. 24　　　　B. 36　　　　C. 12　　　　D. 48

答案：C（变电《安规》16.4.2.4）

【多选题】行灯电源应由携带式或固定式的隔离变压器供给，变压器不准放在（　　）内部。

A. 金属容器　B. 水箱　　　C. 泵房　　　D. 仓库

答案：AB（变电《安规》16.4.2.4）

【多选题】使用手持行灯应注意下列事项（　　　）。

A. 手持行灯电压不准超过24V。在特别潮湿或周围均属金属导体的地方工作时，如在金属容器或水箱等内部，行灯的电压不准超过12V

B. 行灯电源应由携带式或固定式的隔离变压器供给，变压器不准放在金属容器或水箱等内部

C. 携带式行灯变压器的高压侧，应带插头，低压侧带插座，并采用两种不能互相插入的插头

D. 行灯变压器的外壳应有良好的接地线，高压侧宜使用单相两极带接地插头

答案：BCD（变电《安规》16.4.2.4）

【判断题】手持行灯电压不准超过36V。在特别潮湿或周围均属金属导体的地方工作时，如在金属容器或水箱等内部，行灯的电压不准超过12V。

答案：正确（变电《安规》16.4.2.4）

【判断题】行灯变压器的外壳应有良好的接地线，高压侧不宜使用单相两极带接地插头。

答案：错误（变电《安规》16.4.2.4）

【填空题】手持行灯电压不准超过（　　　）V。

答案：36（变电《安规》16.4.2.4）

【填空题】在特别潮湿或周围均属金属导体的地方工作时，如在金属容器或水箱等内部，行灯的电压不准超过_____V。

答案：12（变电《安规》16.4.2.4）

【问答题】使用手持行灯时注意事项有哪些？

答案：① 手持行灯电压不准超过36V。在特别潮湿或周围均属金属导体的地方工作时，如在金属容器或水箱等内部，行灯的电压不准超过12V；② 行灯电源应由携带式或固定式的隔离变压

器供给，变压器不准放在金属容器或水箱等内部；③ 携带式行灯变压器的高压侧，应带插头，低压侧带插座，并采用两种不能互相插入的插头；④ 行灯变压器的外壳应有良好的接地线，高压侧宜使用单相两极带接地插头。

（变电《安规》16.4.2.4）

16.4.2.5 电动的工具、机具应接地或接零良好。

【单选题】电动的工具、机具应接地或（　　）良好。

A. 接零　　　B. 接触　　　C. 接线　　　D. 绝缘

答案：A（变电《安规》16.4.2.5）

【填空题】电动的工具、机具应＿＿＿＿或＿＿＿＿良好。

答案：接地；接零（变电《安规》16.4.2.5）

16.4.2.6 电气工具和用具的电线不准接触热体，不要放在湿地上，并避免载重车辆和重物压在电线上。

【多选题】电气工具和用具的电线使用应避免（　　）。

A. 接触热体　　　　　　B. 载重车辆碾压

C. 放在湿地上　　　　　D. 重物碾压

答案：ABCD（变电《安规》16.4.2.6）

【填空题】电气工具和用具的电线不准接触＿＿＿＿，不要放在湿地上，并避免载重车辆和重物压在电线上。

答案：热体（变电《安规》16.4.2.6）

16.4.2.7 移动式电动机械和手持电动工具的单相电源线应使用三芯软橡胶电缆；三相电源线在三相四线制系统中应使用四芯软橡胶电缆，在三相五线制系统中宜使用五芯软橡胶电缆。连接电动机械及电动工具的电气回路应单独设开关或插座，并装设剩余电流动作保护器（漏电保护器），金属外壳应接地；电动工具应做到"一机一闸一保护"。

【单选题】移动式电动机械和手持电动工具的单相电源线应使用（　　）软橡胶电缆。

A. 三芯　　　B. 两芯　　　C. 单芯　　　D. 多芯

答案：A（变电《安规》16.4.2.7）

【单选题】移动式电动机械和手持电动工具的三相电源线在三相四线制系统中应使用（　　　）软橡胶电缆。

A. 三芯　　　　B. 两芯　　　　C. 单芯　　　　D. 四芯

答案：D（变电《安规》16.4.2.7）

【单选题】移动式电动机械和手持电动工具的三相电源线在三相五线制系统中宜使用（　　　）软橡胶电缆。

A. 两芯　　　　B. 三芯　　　　C. 四芯　　　　D. 五芯

答案：D（变电《安规》16.4.2.7）

【单选题】电动工具应做到"(　　　)"。

A. 一机一闸一保护　　　　　B. 一机一保护

C. 一机两闸一保护　　　　　D. 一机一闸多保护

答案：A（变电《安规》16.4.2.7）

【判断题】移动式电动机械和手持电动工具的三相电源线在三相五线制系统中宜使用四芯软橡胶电缆。

答案：错误（变电《安规》16.4.2.7）

【多选题】移动式电动机械和手持电动工具的电源线应使用（　　　）。

A. 单相电源线应使用三芯软橡胶电缆

B. 三相电源线在三相四线制系统中应使用四芯软橡胶电缆

C. 三相电源线在三相五线制系统中宜使用五芯软橡胶电缆

D. 单相电源线应使用两芯软橡胶电缆

答案：ABC（变电《安规》16.4.2.7）

【填空题】电动工具应做到"＿＿＿＿"。

答案：一机一闸一保护（变电《安规》16.4.2.7）

16.4.2.8 长期停用或新领用的电动工具应用 500V 的绝缘电阻表测量其绝缘电阻，如带电部件与外壳之间的绝缘电阻值达不到 2MΩ，应进行维修处理。对正常使用的电动工具也应对绝缘电阻进行定期测量、检查。

【单选题】长期停用或新领用的电动工具应用 500V 的绝缘电阻表测量其绝缘电阻，如带电部件与外壳之间的绝缘电阻值达不到（　　）MΩ，应进行维修处理。

A. 1　　　　　B. 2　　　　　C. 5　　　　　D. 10

答案：B（变电《安规》16.4.2.8）

【单选题】长期停用或新领用的电动工具应用（　　）V 的绝缘电阻表测量其绝缘电阻，如带电部件与外壳之间的绝缘电阻值达不到 2MΩ，应进行维修处理。

A. 220　　　　B. 380　　　　C. 500　　　　D. 100

答案：C（变电《安规》16.4.2.8）

【多选题】长期停用或新领用的电动工具应做绝缘检查的要求为（　　）。

A. 应用 500V 的绝缘电阻表测量其绝缘电阻

B. 如带电部件与外壳之间的绝缘电阻值达不到 2MΩ，应进行维修处理

C. 测量绝缘应经专工同意

D. 绝缘测量应办理工作票

答案：AB（变电《安规》16.4.2.8）

【判断题】长期停用或新领用的电动工具应用 500V 的绝缘电阻表测量其绝缘电阻，如带电部件与外壳之间的绝缘电阻值达不到 2MΩ，应进行维修处理。对正常使用的电动工具也应对绝缘电阻进行定期测量、检查。

答案：正确（变电《安规》16.4.2.8）

【填空题】长期停用或新领用的电动工具应用_____V 的绝缘电阻表测量其绝缘电阻，如带电部件与外壳之间的绝缘电阻值达不到_____MΩ，应进行维修处理。

答案：500；2（变电《安规》16.4.2.8）

【简答题】长期停用或新领用的电动工具应做绝缘检查的要求有哪些？

答案：长期停用或新领用的电动工具应用 500V 的绝缘电阻表测量其绝缘电阻，如带电部件与外壳之间的绝缘电阻值达不到 2MΩ，应进行维修处理。

（变电《安规》16.4.2.8）

16.4.2.9 电动工具的电气部分经维修后，应进行绝缘电阻测量及绝缘耐压试验。试验电压参见 GB 3787—2006《手持式电动工具的管理、使用、检查和维修安全技术规程》中的相关规定，试验时间为 1min。

【单选题】电动工具的电气部分经维修后，应进行绝缘电阻测量及绝缘耐压试验。试验电压参见 GB 3787—2006《手持式电动工具的管理、使用、检查和维修安全技术规程》中的相关规定，试验时间为（　　）min。

 A. 1   B. 3   C. 5   D. 10

答案：A（变电《安规》16.4.2.9）

【判断题】电动工具的电气部分经维修后，应进行绝缘电阻测量及绝缘耐压试验，试验时间为 1min。

答案：正确（变电《安规》16.4.2.9）

【填空题】电动工具的电气部分经维修后，应进行绝缘电阻测量及绝缘耐压试验，试验电压参见 GB 3787—2006《手持式电动工具的管理、使用、检查和维修安全技术规程》中的相关规定，试验时间为_____min。

答案：1（变电《安规》16.4.2.9）

16.4.2.10 在一般作业场所（包括金属构架上），应使用 II 类电动工具（带绝缘外壳的工具）。在潮湿或含有酸类的场地上以及在金属容器内应使用 24V 及以下电动工具，否则应使用带绝缘外壳的工具，并装设额定动作电流不大于 10mA，一般型（无延时）的剩余电流动作保护器（漏电保护器），且应设专人不间断地监护。

【单选题】在潮湿或含有酸类的场地上以及在金属容器内应使用（　　）V 及以下电动工具，否则应使用带绝缘外壳的工具，并装设额定动作电流不大于 10mA，一般型（无延时）的剩余电流动作保护器（漏电保护器），且应设专人不间断地监护。

A. 12　　　　B. 24　　　　C. 36　　　　D. 8

答案：B（变电《安规》16.4.2.10）

【单选题】在潮湿或含有酸类的场地上以及在金属容器内应使用 24V 及以下电动工具，否则应使用带绝缘外壳的工具，并装设额定动作电流不大于（　　　）mA，一般型（无延时）的剩余电流动作保护器（漏电保护器），且应设专人不间断地监护。

A. 5　　　　B. 2　　　　C. 100　　　　D. 10

答案：D（变电《安规》16.4.2.10）

【多选题】在一般作业场所（包括金属构架上），使用电动工具的要求应满足（　　　）要求。

A. 应使用Ⅱ类电动工具

B. 在潮湿或含有酸类的场地上以及在金属容器内应使用 24V 及以下电动工具

C. 应装设额定动作电流不大于10mA，一般型（无延时）的剩余电流动作保护器（漏电保护器）

D. 应设专人不间断地监护

答案：ABCD（变电《安规》16.4.2.10）

【判断题】在潮湿或含有酸类的场地上以及在金属容器内应使用 36V 及以下电动工具，否则应使用带绝缘外壳的工具，并装设额定动作电流不大于 10mA，一般型（无延时）的剩余电流动作保护器（漏电保护器），且应设专人不间断地监护。

答案：错误（变电《安规》16.4.2.10）

【填空题】在潮湿或含有酸类的场地上以及在金属容器内应使用 24V 及以下电动工具，否则应使用带绝缘外壳的工具，并装设额定动作电流不大于_____mA，一般型（无延时）的剩余电流动作保护器（漏电保护器），且应设专人不间断地监护。

答案：10（变电《安规》16.4.2.10）

16.4.3 空气压缩机。

16.4.3.1 空气压缩机应保持润滑良好，压力表准确，自动启、停装置灵敏，安全阀可靠，并应由专人维护；压力表、安全阀、调节器及储气罐等应定期进行校验和检验。

【单选题】空气压缩机应保持润滑良好，（   ）准确，自动启、停装置灵敏，安全阀可靠，并应由专人维护。

A. 压力表　　B. 安全阀　　C. 调节器　　D. 储气罐
答案：A（变电《安规》16.4.3.1）

【多选题】空气压缩机应保持润滑良好，压力表准确，自动启、停装置灵敏，安全阀可靠，并应由专人维护；（   ）等应定期进行校验和检验。

A. 压力表　　B. 安全阀　　C. 调节器　　D. 储气罐
答案：ABCD（变电《安规》16.4.3.1）

【填空题】空气压缩机应保持润滑良好，压力表准确，_____装置灵敏，_____可靠，并应由专人维护。

答案：自动启、停；安全阀（变电《安规》16.4.3.1）

16.4.3.2 禁止用汽油或煤油洗刷空气滤清器以及其他空气通路的零件。

【单选题】禁止用（   ）或煤油洗刷空气压缩机的空气滤清器以及其他空气通路的零件。

A. 清水　　　B. 汽油　　　C. 洗涤剂　　D. 以上均不对
答案：B（变电《安规》16.4.3.2）

【多选题】禁止用（   ）洗刷空气压缩机空气滤清器以及其他空气通路的零件。

A. 酒精　　　B. 汽油　　　C. 清水　　　D. 煤油
答案：BD（变电《安规》16.4.3.2）

【填空题】禁止用_____洗刷空气压缩机空气滤清器以及其他空气通路的零件。

答案：汽油或煤油（变电《安规》16.4.3.2）

16.4.4 潜水泵。

16.4.4.1 潜水泵应重点检查下列项目且应符合要求：

a) 外壳不准有裂缝、破损。

b) 电源开关动作应正常、灵活。

c) 机械防护装置应完好。

d) 电气保护装置应良好。

e) 校对电源的相位，通电检查空载运转，防止反转。

【单选题】潜水泵外壳不准有（　　　）。

A. 裂缝、破损　　　　　　　B. 掉漆

C. 油污　　　　　　　　　　D. 水

答案：A（变电《安规》16.4.4.1）

【单选题】潜水泵机械防护装置应（　　　）。

A. 完好　　　B. 良好　　　C. 全覆盖　　D. 半覆盖

答案：A（变电《安规》16.4.4.1）

【单选题】潜水泵校对电源的相位，通电检查空载运转，防止（　　　）。

A. 拒动　　　B. 反转　　　C. 正转　　　D. 自启动

答案：B（变电《安规》16.4.4.1）

【多选题】潜水泵应重点检查下列项目且应符合要求（　　　）。

A. 外壳不准有裂缝、破损

B. 电源开关动作应正常、灵活

C. 机械防护装置应完好

D. 电气保护装置应良好。校对电源的相位，通电检查空载运转，防止反转

答案：ABCD（变电《安规》16.4.4.1）

【问答题】潜水泵使用前应重点检查哪些项目？

答案：潜水泵应重点检查下列项目且应符合要求：① 外壳不得有裂缝、破损；② 电源开关动作应正常、灵活；③ 机械防护装置应完好；④ 电气保护装置应良好；⑤ 校对电源的相位，通

电检查空载运转，防止反转。

（变电《安规》16.4.4.1）

16.4.4.2 潜水泵工作时，泵的周围 30m 以内水面不准有人进入。

【单选题】潜水泵工作时，泵的周围（　　　）m 以内水面不准有人进入。

A. 30　　　　　B. 35　　　　　C. 40　　　　　D. 45

答案：A（变电《安规》16.4.4.2）

【填空题】潜水泵工作时，泵的周围_____m 以内水面不准有人进入。

答案：30（变电《安规》16.4.4.2）

【判断题】潜水泵工作时，泵的周围 20m 以内水面不准有人进入。

答案：错误（变电《安规》16.4.4.2）

16.4.5 风动工具。

16.4.5.1 不熟悉风动工具使用方法和修理方法的作业人员，不准擅自使用或修理风动工具。

【单选题】不熟悉风动工具使用方法和修理方法的作业人员，不准（　　　）使用或修理风动工具。

A. 擅自　　　　B. 随便　　　　C. 随意　　　　D. 以上都对

答案：A（变电《安规》16.4.5.1）

【多选题】不熟悉风动工具（　　　）方法的作业人员，不准使用或修理风动工具。

A. 使用　　　　B. 修理　　　　C. 停止　　　　D. 启动

答案：AB（变电《安规》16.4.5.1）

【判断题】不熟悉风动工具使用方法和修理方法的作业人员，不准擅自使用或修理风动工具。

答案：正确（变电《安规》16.4.5.1）

16.4.5.2 风动工具的锤子、钻头等工作部件，应安装牢固，以防在工作时脱落，禁止将带有工作部件的风动工具对准人。工作部件停止转动前不准拆换。

【单选题】禁止将带有工作部件的风动工具对准（　　）。

A. 人　　　　B. 设备　　　　C. 工器具　　D. 以上都对

答案：A（变电《安规》16.4.5.2）

【填空题】风动工具的锤子、钻头等工作部件，应安装牢固，以防在工作时脱落，禁止将带有_____的风动工具对准人。

答案：工作部件（变电《安规》16.4.5.2）

16.5　焊接、切割。

16.5.1　不准在带有压力（液体压力或气体压力）的设备上或带电的设备上进行焊接。在特殊情况下需在带压和带电的设备上进行焊接时，应采取安全措施，并经本单位批准。对承重构架进行焊接，应经过有关技术部门的许可。

【多选题】不准在（　　）的设备上进行焊接。

A. 带有液体压力　　　　　　B. 带有气体压力

C. 带电　　　　　　　　　　D. 带水

答案：ABC（变电《安规》16.4.5.2）

【单选题】不准在（　　）的设备上进行焊接。

A. 带有液体压力　　　　　　B. 带有气体压力

C. 带电　　　　　　　　　　D. 以上都对

答案：D（变电《安规》16.4.5.2）

【判断题】不准在带有压力（液体压力或气体压力）的设备上或带电的设备上进行焊接。

答案：正确（变电《安规》16.5.1）

16.5.2　禁止在油漆未干的结构或其他物体上进行焊接。

【单选题】禁止在（　　）的结构或其他物体上进行焊接。

A. 油漆未干　　B. 破损　　　　C. 裸露　　　　D. 有水

答案：A（变电《安规》16.5.2）

【判断题】禁止在油漆未干的结构或其他物体上进行焊接。

答案：正确（变电《安规》16.5.2）

16.5.4 在风力超过 5 级及下雨雪时, 不可露天进行焊接或切割工作。如必须进行时, 应采取防风、防雨雪的措施。

【单选题】变电《安规》规定, 在风力超过 (　　　) 级及下雨雪时, 不可露天进行焊接或切割工作。如必须进行时, 应采取防风、防雨雪的措施。

A. 2　　　　　　B. 3　　　　　　C. 4　　　　　　D. 5

答案: D (变电《安规》16.5.4)

【判断题】变电《安规》规定, 在风力超过 4 级及下雨雪时, 不可露天进行焊接或切割工作。

答案: 错误 (变电《安规》16.5.4)

【填空题】变电《安规》规定, 在风力超过_____级及下雨雪时, 不可露天进行焊接或切割工作。如必须进行时, 应采取防风、防雨雪的措施。

答案: 5 (变电《安规》16.5.4)

16.5.5 电焊机的外壳应可靠接地, 接地电阻不得大于4Ω。

【单选题】电焊机的外壳应可靠接地, 接地电阻不得大于 (　　　) Ω。

A. 4　　　　　　B. 5　　　　　　C. 6　　　　　　D. 7

答案: A (变电《安规》16.5.5)

【判断题】电焊机的外壳应可靠接地, 接地电阻不得大于4Ω。

答案: 正确 (变电《安规》16.5.5)

【填空题】电焊机的外壳应可靠接地, 接地电阻不得大于_____Ω。

答案: 4 (变电《安规》16.5.5)

16.5.7 气瓶搬运应使用专门的抬架或手推车。

【多选题】气瓶搬运应使用专门的 (　　　)。

A. 抬架　　　B. 手推车　　　C. 叉车　　　D. 桥机

答案: AB (变电《安规》16.5.7)

【判断题】气瓶搬运应使用专门的抬架或手推车。

答案：正确（变电《安规》16.5.7）

【填空题】气瓶搬运应使用专门的抬架或_____。

答案：手推车（变电《安规》16.5.7）

16.5.8 用汽车运输气瓶时，气瓶不准顺车厢纵向放置，应横向放置并可靠固定。气瓶押运人员应坐在驾驶室内，不准坐在车厢内。

【单选题】用汽车运输气瓶时，气瓶（　　　　）。

A. 顺车厢纵向放置并可靠固定

B. 顺车厢横向放置并可靠固定

C. 顺车厢纵向放置

D. 顺车厢横向放置

答案：B（变电《安规》16.5.8）

【多选题】用汽车运输气瓶时，气瓶（　　　　）。

A. 不准顺车厢纵向放置

B. 应横向放置并可靠固定

C. 气瓶押运人员坐在车厢内

D. 以上都对

答案：AB（变电《安规》16.5.8）

【判断题】气瓶押运人员应坐在驾驶室内或车厢内。

答案：错误（变电《安规》16.5.8）

【填空题】用汽车运输气瓶时，气瓶不准顺车厢纵向放置，应横向放置并_____。

答案：可靠固定（变电《安规》16.5.8）

16.5.9 禁止把氧气瓶及乙炔气瓶放在一起运送，也不准与易燃物品或装有可燃气体的容器一起运送。

【单选题】（　　　　）把氧气瓶及乙炔气瓶放在一起运送。

A. 禁止　　　　B. 可以　　　　C. 能　　　　D. 以上都不对

答案：A（变电《安规》14.1.5）

【多选题】下列关于氧气瓶及乙炔气瓶运送安全事项，正确的是（　　　　）。

A. 禁止把氧气瓶及乙炔气瓶放在一起运送

B. 不准与易燃物品一起运送

C. 不准与装有可燃气体的容器一起运送

D. 以上都对

答案：ABCD（变电《安规》14.1.5）

【判断题】氧气瓶及乙炔气瓶可以放在一起运送，但不准与易燃物品或装有可燃气体的容器一起运送。

答案：错误（变电《安规》16.5.9）

16.5.10 氧气瓶内的压力降到 0.2MPa，不准再使用。用过的瓶上应写明"空瓶"。

【单选题】氧气瓶内的压力降到（　　）MPa，不准再使用。用过的瓶上应写明"空瓶"。

A. 0.4　　　B. 0.5　　　C. 0.2　　　D. 0.3

答案：C（变电《安规》16.5.10）

【判断题】氧气瓶内的压力降到 0.2MPa，不准再使用。用过的瓶上应写明"空瓶"。

答案：正确（变电《安规》16.5.10）

【填空题】氧气瓶内的压力降到_____MPa，不准再使用。用过的瓶上应写明"空瓶"。

答案：0.2（变电《安规》16.5.10）

16.5.11 使用中的氧气瓶和乙炔气瓶应垂直固定放置，氧气瓶和乙炔气瓶的距离不得小于 5m，气瓶的放置地点不准靠近热源，应距明火 10m 以外。

【单选题】使用中的氧气瓶和乙炔气瓶应（　　）放置。

A. 垂直　　　B. 固定　　　C. 垂直固定　　D. 倒放

答案：C（变电《安规》16.5.11）

【单选题】变电《安规》中规定，使用中的氧气瓶和乙炔气瓶应垂直固定放置，氧气瓶和乙炔气瓶的距离不得小于（　　）m。

A. 1　　　B. 3　　　C. 5　　　D. 10

答案：C（变电《安规》16.5.11）

【单选题】变电《安规》中规定，使用中的氧气瓶和乙炔气瓶应垂直固定放置，氧气瓶和乙炔气瓶的距离不得小于5m，气瓶的放置地点不准靠近热源，应距明火（　　）m以外。

A. 1　　　　B. 3　　　　C. 5　　　　D. 10

答案：D（变电《安规》16.5.11）

【判断题】变电《安规》中规定，使用中的氧气瓶和乙炔气瓶应垂直固定放置，氧气瓶和乙炔气瓶的距离不得小于4m，气瓶的放置地点不准靠近热源，应距明火10m以外。

答案：错误（变电《安规》16.5.11）

【填空题】变电《安规》中规定，使用中的氧气瓶和乙炔气瓶应垂直固定放置，氧气瓶和乙炔气瓶的距离不得小于＿＿＿＿m，气瓶的放置地点不准靠近热源，应距明火＿＿＿＿m以外。

答案：5；10（变电《安规》16.5.11）

16.6 动火工作。

16.6.1 在防火重点部位或场所以及禁止明火区动火作业，应填用动火工作票，其方式有下列两种：

a）填用变电站一级动火工作票（见附录N）。

b）填用变电站二级动火工作票（见附录O）。

本规程所指动火作业，是指能直接或间接产生明火的作业，包括熔化焊接、切割、喷枪、喷灯、钻孔、打磨、锤击、破碎、切削等。

【多选题】变电《安规》所指动火作业，是指能直接或间接产生明火的作业，包括熔化焊接、切割、喷枪、喷灯、（　　）、切削等。

A. 钻孔　　　B. 打磨　　　C. 锤击　　　D. 破碎

答案：ABCD（变电《安规》16.6.1）

16.6.5 动火工作票不准代替设备停复役手续或检修工作票、工作任务单和事故紧急抢修单，并应在动火工作票上注明检修工作票、工作任务单和事故紧急抢修单的编号。

【多选题】应在动火工作票上注明（　　）的编号。

A. 操作票　　　　　　　　　B. 检修工作票

C. 事故紧急抢修单　　　　　D. 工作任务单

答案：BCD（变电《安规》16.6.5）

【多选题】动火工作票不准代替（　　）。

A. 设备停复役手续　　　　　B. 检修工作票

C. 工作任务单　　　　　　　D. 事故紧急抢修单

答案：ABCD（变电《安规》16.6.5）

16.6.6 动火工作票的填写与签发。

16.6.6.1 动火工作票应使用黑色或蓝色的钢（水）笔或圆珠笔填写与签发，内容应正确、填写应清楚，不得任意涂改。如有个别错、漏字需要修改，应使用规范的符号，字迹应清楚。用计算机生成或打印的动火工作票应使用统一的票面格式，由工作票签发人审核无误，手工或电子签名后方可执行。

动火工作票一般至少一式三份，一份由工作负责人收执、一份由动火执行人收执、一份保存在安监部门（或具有消防管理职责的部门）（指变电站一级动火工作票）或动火部门（指变电站二级动火工作票）。若动火工作与运行有关，即需要运维人员对设备系统采取隔离、冲洗等防火安全措施者，还应多一份交运维人员收执。

【单选题】变电《安规》中规定，动火工作票一般至少一式（　　）份。

A. 三　　　　B. 二　　　　C. 四　　　　D. 以上都不对

答案：A（变电《安规》16.6.6.1）

【单选题】动火工作票一般至少一式三份，一份由工作负责人收执，一份由（　　）收执，一份保存在安监部门（或具有消防管理职责的部门）（指变电站一级动火工作票）或动火部门（指变电站二级动火工作票）。

A. 动火票签发人　　　　　　B. 动火执行人

C. 消防人员   D. 动火监护人

答案：B（变电《安规》16.6.6.1）

【多选题】变电《安规》中规定，一级动火工作票一般至少一式三份，分别由（   ）收执。

A. 安监部门（或具有消防管理职责的部门）

B. 工作负责人

C. 动火执行人

D. 动火部门

答案：ABC（变电《安规》16.6.6.1）

【多选题】动火工作票应使用（   ）钢（水）笔、圆珠笔填写与签发，内容应正确、填写应清楚，不得任意涂改。

A. 黑色   B. 红色   C. 蓝色   D. 黄色

答案：AC（变电《安规》16.6.6.1）

【多选题】二级动火工作票一般至少一式三份，分别由（   ）收执或保存。

A. 消防监护人   B. 工作负责人

C. 动火执行人   D. 动火部门

答案：BCD（变电《安规》16.6.6.1）

16.6.7 动火工作票的有效期。

变电站一级动火工作票应提前办理。

变电站一级动火工作票的有效期为 24h，变电站二级动火工作票的有效期为 120h。动火作业超过有效期限，应重新办理动火工作票。

【单选题】变电《安规》中规定，二级动火工作票的有效期为（   ）h。

A. 24   B. 48   C. 72   D. 120

答案：D（变电《安规》16.6.7）

【单选题】变电《安规》中规定，一级动火工作票的有效期为（   ）h。

A. 24　　　B. 48　　　C. 72　　　D. 120

答案：A（变电《安规》16.6.7）

【填空题】变电《安规》中规定，变电站一级动火工作票的有效期为_____h，变电站二级动火工作票的有效期为_____h。

答案：24；120（变电《安规》16.6.7）

【判断题】变电《安规》中规定，变电站一级动火工作票的有效期为48h，变电站二级动火工作票的有效期为120h。

答案：错误（变电《安规》16.6.7）

16.6.8 动火工作票所列人员的基本条件。

变电站一、二级动火工作票签发人应是经本单位（动火单位或设备运维管理单位）考试合格并经本单位批准且公布的有关部门负责人、技术负责人或经本单位批准的其他人员。

动火工作负责人应是具备检修工作负责人资格并经考试合格的人员。

动火执行人应具备有关部门颁发的合格证。

【单选题】变电站一、二级动火工作票签发人应是（　　），并经本单位批准且公布的有关部门负责人、技术负责人或其他人员。

A. 安监部门认可　　　　B. 经本单位考试合格

C. 消防部门认可　　　　D. 设备管理单位认可

答案：B（变电《安规》16.6.8）

【简答题】动火工作负责人的基本条件是什么？

答案：动火工作负责人应是具备检修工作负责人资格并经考试合格的人员。

（变电《安规》16.6.8）

16.6.9 动火工作票所列人员的安全责任。

16.6.9.1 动火工作票各级审批人员和签发人：

a）工作的必要性。

b）工作的安全性。

c)　工作票上所填安全措施是否正确完备。

【单选题】下列不属于动火工作票各级审批人员和签发人的安全责任的是（　　　）。

A. 确认现场有无残留火种

B. 确认工作的必要性

C. 确认工作的安全性

D. 确认工作票上所填安全措施正确完备

答案：A（变电《安规》16.6.9.1）

【多选题】下列各项属于动火工作票各级审批人员和签发人安全责任的是（　　　）。

A. 正确安全地组织动火工作

B. 确认工作的必要性

C. 确认工作的安全性

D. 确认工作票上所填安全措施是否正确完备

答案：BCD（变电《安规》16.6.9.1）

【简答题】动火工作票各级审批人员和签发人的安全责任有哪些？

答案：① 确认工作的必要性；② 确认工作的安全性；③ 确认工作票上所填安全措施正确完备。

（变电《安规》16.6.9.1）

16.6.9.2 动火工作负责人：

a)　正确安全地组织动火工作。

b)　负责检修应做的安全措施并使其完善。

c)　向有关人员布置动火工作，交待防火安全措施和进行安全教育。

d)　始终监督现场动火工作。

e)　负责办理动火工作票开工和终结。

f)　动火工作间断、终结时检查现场有无残留火种。

【多选题】按照变电《安规》的规定，下列各项中属于动火工作负责人安全责任的是（　　　）。

A. 正确安全地组织动火工作

B. 负责检修应做的安全措施并使其完善

C. 向有关人员布置动火工作，交待防火安全措施和进行安全教育

D. 确认工作的必要性

答案：ABC（变电《安规》16.6.9.2）

【简答题】按照变电《安规》的规定，动火工作负责人安全责任有哪些？

答案：① 正确安全地组织动火工作；② 负责检修应做的安全措施并使其完善；③ 向有关人员布置动火工作，交待防火安全措施和进行安全教育；④ 确认工作的必要性。

（变电《安规》16.6.9.2）

16.6.9.3　运维许可人：

a）　工作票所列安全措施是否正确完备，是否符合现场条件。

b）　动火设备与运行设备是否确已隔绝。

c）　向工作负责人现场交待运维所做的安全措施是否完善。

【多选题】下列各项中属于动火工作运维许可人安全责任的是（　　　）。

A. 工作的必要性

B. 工作票所列安全措施是否正确完备，是否符合现场条件

C. 动火设备与运行设备是否确已隔绝

D. 向工作负责人现场交待运维所做的安全措施是否完善

答案：BCD（变电《安规》16.6.9.3）

【简答题】运维许可人安全责任有哪些？

答案：① 工作票所列安全措施是否正确完备，是否符合现场条件；② 动火设备与运行设备是否确已隔绝；③ 向工作负责人现场交待运维所做的安全措施是否完善。

（变电《安规》16.6.9.3）

16.6.9.4 消防监护人：

a) 负责动火现场配备必要的、足够的消防设施。

b) 负责检查现场消防安全措施的完善和正确。

c) 测定或指定专人测定动火部位（现场）可燃性气体、易燃液体的可燃蒸气含量符合安全要求。

d) 始终监视现场动火作业的动态，发现失火及时扑救。

e) 动火工作间断、终结时检查现场有无残留火种。

【单选题】消防监护人的安全责任之一是：动火工作间断、终结时检查现场（　　　）。

A. 有无遗留人员　　　　　　B. 有无残留火种

C. 动火作业质量　　　　　　D. 隔离措施状况

答案：B（变电《安规》16.6.9.4）

16.6.9.5 动火执行人：

a) 动火前应收到经审核批准且允许动火的动火工作票。

b) 按本工种规定的防火安全要求做好安全措施。

c) 全面了解动火工作任务和要求，并在规定的范围内执行动火。

d) 动火工作间断、终结时清理现场并检查有无残留火种。

【单选题】动火执行人的安全责任之一是：动火工作间断、终结时清理现场并检查（　　　）。

A. 有无遗留人员　　　　　　B. 有无残留火种

C. 动火作业质量　　　　　　D. 隔离措施状况

答案：B（变电《安规》16.6.9.5）

【多选题】下列各项中属于动火执行人安全责任的是（　　　）。

A. 动火前应收到经审核批准且允许动火的动火工作票

B. 按本工种规定的防火安全要求做好安全措施

C. 全面了解动火工作任务和要求，并在规定范围内执行动火

D. 动火工作间断、终结时清理现场并检查有无残留火种

答案：ABCD（变电《安规》16.6.9.5）

16.6.10 动火作业安全防火要求。

16.6.10.1 有条件拆下的构件，如油管、阀门等应拆下来移至安全场所。

【单选题】按照变电《安规》的规定，动火作业安全防火要求之一是：有条件拆下的构件，如油管、阀门等应拆下来移至（　　　）。

A. 安装间　　　　　　　　B. 仓库

C. 安全场所　　　　　　　D. 检修场所

答案：C（变电《安规》16.6.10.1）

【多选题】按照变电《安规》的规定，动火作业时，下列（　　　）部件有条件时应拆下来移至安全场所。

A. 油管　　　　B. 阀门　　　　C. 轴承　　　　D. 缸体

答案：AB（变电《安规》16.6.10.1）

16.6.10.2 可以采用不动火的方法代替而同样能够达到效果时，尽量采用替代的方法处理。

【单选题】动火作业安全防火要求之一是：可以采用（　　　）的方法代替而同样能够达到效果时，尽量采用替代的方法处理。

A. 不动火　　　　　　　　B. 扩大施工范围

C. 增加作业人员　　　　　D. 提高检修工艺

答案：A（变电《安规》16.6.10.2）

16.6.10.3 尽可能地把动火时间和范围压缩到最低限度。

【多选题】动火作业时尽可能地把动火（　　　）压缩到最低限度。

A. 人员　　　B. 材料　　　C. 时间　　　D. 范围

答案：CD（变电《安规》16.6.10.3）

16.6.10.4 凡盛有或盛过易燃易爆等化学危险物品的容器、设备、管道等生产、储存装置，在动火作业前应将其与生产系统彻底隔离，并进行清洗置换，检测可燃气体、易燃液体的可燃蒸气含量合格后，方可动火作业。

【单选题】凡盛有或盛过易燃易爆等化学危险物品的容器、设备、管道等生产及储存装置，在动火作业前应将其与生产系统彻底隔离，并进行清洗置换，检测可燃气体、易燃液体的（ ）含量合格后，方可动火作业。

A. 水蒸气　　　　　　　　B. 氧气

C. 可燃蒸气　　　　　　　D. 空气

答案：C（变电《安规》16.6.10.4）

【多选题】凡盛有或盛过易燃易爆等化学危险物品的容器、设备、管道等生产及储存装置，在动火作业前应采取（ ）措施。

A. 将其与生产系统彻底隔离

B. 进行清洗置换

C. 检测可燃气体含量合格

D. 检测易燃液体的含量合格

答案：ABCD（变电《安规》16.6.10.4）

16.6.10.5 动火作业应有专人监护，动火作业前应清除动火现场及周围的易燃物品，或采取其他有效的安全防火措施，配备足够适用的消防器材。

【单选题】动火作业应有专人监护，动火作业前应清除动火现场及周围的（ ），或采取其他有效的安全防火措施，配备足够适用的消防器材。

A. 所有人员　　　　　　　B. 安全围栏

C. 检修工器具　　　　　　D. 易燃物品

答案：D（变电《安规》16.6.10.5）

【多选题】动火作业应有专人监护，动火作业前应清除动火现场、周围及上、下方的易燃物品，或采取其他有效的安全防火措施，配备（ ）的消防器材。

A. 足够　　　B. 适用　　　C. 有效　　　D. 品种多样

答案：AB（变电《安规》16.6.10.5）

【填空题】动火作业应有专人监护，动火作业前应清除动火现场及周围的_____，或采取其他有效的安全防火措施，配备足够适用的_____。

答案：易燃物品；消防器材（变电《安规》16.6.10.5）

16.6.10.7 动火作业间断或终结后，应清理现场，确认无残留火种后，方可离开。

【单选题】动火作业间断或终结后，应清理现场，确认（ ）后，方可离开。

A. 无遗留人员　　　　　　B. 无残留火种
C. 动火作业质量　　　　　D. 隔离措施状况

答案：B（变电《安规》16.6.10.7）

【多选题】动火作业间断或终结后，应采取（ ）措施后，方可离开。

A. 清理现场　　　　　　　B. 确认无残留火种
C. 检查隔离措施状况　　　D. 以上都不对

答案：AB（变电《安规》16.6.10.7）

【判断题】动火作业间断或终结后，应清理现场，确认无残留火种后，方可离开。

答案：正确（变电《安规》16.6.10.7）

16.6.11 动火的现场监护。

16.6.11.5 一级动火工作的过程中，应每隔 2h～4h 测定一次现场可燃气体、易燃液体的可燃蒸气含量是否合格，当发现不合格或异常升高时应立即停止动火，在未查明原因或排除险情前不准动火。

【单选题】一级动火工作过程中，应每隔 2h～4h 测定一次现场可燃气体、易燃液体的可燃蒸气含量或粉尘浓度是否合格，当发现不合格或异常升高时应（ ），在未查明原因或排除险情前不得动火。

A. 继续工作　　　　　　　B. 立即停止动火
C. 立即报告　　　　　　　D. 立即撤离作业现场

答案：B（变电《安规》16.6.11.5）

【多选题】一级动火工作过程中，应每隔 2h～4h 测定一次（　　　）是否合格，当发现不合格或异常升高时应立即停止动火。

A. 现场可燃气体浓度　　　　B. 易燃液体的可燃蒸气含量

C. 粉尘浓度　　　　　　　　D. 以上都对

答案：ABCD（变电《安规》16.6.11.5）

16.6.12　动火工作完毕后，动火执行人、消防监护人、动火工作负责人和运维许可人应检查现场有无残留火种，是否清洁等。确认无问题后，在动火工作票上填明动火工作结束时间，经四方签名后（若动火工作与运行无关，则三方签名即可），盖上"已终结"印章，动火工作方告终结。

【多选题】动火工作完毕后，有责任检查现场无残留火种的人员是（　　　）。

A. 动火工作负责人　　　　B. 动火执行人

C. 运维许可人　　　　　　D. 消防监护人

答案：ABCD（变电《安规》16.6.12）

16.6.14　动火工作票至少应保存 1 年。

【单选题】已终结的动火工作票至少应保存（　　　）。

A. 1 个月　　　　　　　　B. 6 个月

C. 1 年　　　　　　　　　D. 2 年

答案：C（变电《安规》16.6.14）

17 起 重 与 运 输

17.1 一般注意事项。

17.1.1 起重设备需经检验检测机构检验合格,并在特种设备安全监督管理部门登记。

【单选题】起重设备需经(   )检验合格,并在特种设备安全监督管理部门登记。

A. 检验检测机构　　　　　　B. 安全监察部

C. 安全员　　　　　　　　　D. 部门领导

答案：A（变电《安规》17.1.1）

【填空题】起重设备需经_____检验合格,并在特种设备安全监督管理部门登记。

答案：检验检测机构（变电《安规》17.1.1）

17.1.2 起重设备的操作人员和指挥人员应经专业技术培训,并经实际操作及有关安全规程考试合格、取得合格证后方可独立上岗作业,其合格证种类应与所操作（指挥）的起重机类型相符合。起重设备作业人员在作业中应严格执行起重设备的操作规程和有关的安全规章制度。

【多选题】起重设备的操作人员和指挥人员应经专业技术培训,并经(   )后方可独立上岗作业,其合格证种类应与所操作（指挥）的起重机类型相符合。起重设备作业人员在作业中应严格执行起重设备的操作规程和有关的安全规章制度。

A. 实际操作　　　　　　　　B. 有关安全规程考试合格

C. 领导许可　　　　　　　　D. 取得合格证

答案：ABD（变电《安规》17.1.2）

【多选题】起重设备的(   )和(   )应经专业技术培训,并经实际操作及有关安全规程考试合格、取得合格证后方可独立上岗作业，其合格证种类应与所操作（指挥）的起重机类型相符合。

A. 许可人员　B. 安全人员　C. 操作人员　D. 指挥人员

答案：CD（变电《安规》17.1.2）

17.1.3　起重设备、吊索具和其他起重工具的工作负荷，不准超过铭牌规定。

【单选题】起重设备、吊索具和其他起重工具的工作负荷，（　　）超过铭牌规定。

A. 可以　　　　B. 不准　　　　C. 视情况　　　D. 以上均不对

答案：B（变电《安规》17.1.3）

【判断题】起重设备、吊索具和其他起重工具的工作负荷，不准超过铭牌规定。

答案：正确（变电《安规》17.1.3）

17.1.4　一切重大物件的起重、搬运工作应由有经验的专人负责，作业前应向参加工作的全体人员进行技术交底，使全体人员均熟悉起重搬运方案和安全措施。起重搬运时只能由一人统一指挥，必要时可设置中间指挥人员传递信号。起重指挥信号应简明、统一、畅通，分工明确。

【单选题】一切重大物件的起重、搬运工作应由有经验的专人负责，作业前应向参加工作的全体人员进行技术交底，使全体人员均熟悉起重搬运方案和安全措施。起重搬运时只能由（　　）统一指挥，必要时可设置中间指挥人员传递信号。起重指挥信号应简明、统一、畅通，分工明确。

A. 一人　　　　B. 两人　　　　C. 三人　　　　D. 多人

答案：A（变电《安规》17.1.4）

【多选题】一切重大物件的起重、搬运工作应由有经验的专人负责，作业前应向参加工作的全体人员进行技术交底，使全体人员均熟悉起重搬运方案和安全措施。起重搬运时只能由（　　）统一指挥，必要时可设置（　　）传递信号。起重指挥信号应简明、统一、畅通，分工明确。

    A. 一人   B. 两人

    C. 中间指挥人员   D. 监护人员

    答案：AC（变电《安规》17.1.4）

    【简答题】重大物件起重搬运时的安全注意事项有哪些？

    答案：一切重大物件的起重、搬运工作应由有经验的专人负责，作业前应向参加工作的全体人员进行技术交底，使全体人员均熟悉起重搬运方案和安全措施。起重搬运时只能由一人统一指挥，必要时可设置中间指挥人员传递信号。起重指挥信号应简明、统一、畅通，分工明确。

    （变电《安规》17.1.4）

17.1.5 凡属下列情况之一者，应制定专门的安全技术措施，经本单位批准，作业时应有技术负责人在场指导，否则不准施工。

17.1.5.1 重量达到起重设备额定负荷的 90% 及以上。

17.1.5.2 两台及以上起重设备抬吊同一物件。

17.1.5.3 起吊重要设备、精密物件、不易吊装的大件或在复杂场所进行大件吊装。

17.1.5.4 爆炸品、危险品必须起吊时。

17.1.5.5 起重设备在带电导体下方或距带电体较近时。

    【单选题】重量达到起重设备额定负荷的（   ）及以上，应制定专门的安全技术措施，经本单位分管生产的领导或总工程师批准，作业时应有技术负责人在场指导，否则不准施工。

    A. 90%   B. 80%   C. 70%   D. 60%

    答案：A（变电《安规》17.1.5.1）

    【多选题】下列各项起重作业情况，需制定专门的安全技术措施的有（   ）。

    A. 重量达到起重设备额定负荷的 90% 及以上

    B. 两台及以上起重设备抬吊同一物件

    C. 起吊重要设备、精密物件、不易吊装的大件或在复杂场所

进行大件吊装

D. 爆炸品、危险品必须起吊时

E. 起重设备在带电导体下方或距带电体较近时

答案：ABCDE（变电《安规》17.1.5）

17.1.6 起重物品应绑牢，吊钩要挂在物品的重心线上。

【单选题】起重物品应绑牢，吊钩要挂在物品的（　　）上。

A. 重心线　　　B. 中心线　　　C. 中垂线　　　D. 轮廓线

答案：A（变电《安规》17.1.6）

【判断题】起重物品应绑牢，吊钩要挂在物品的重心线上。

答案：正确（变电《安规》17.1.6）

17.1.7 遇有 6 级以上的大风时，禁止露天进行起重工作。当风力达到 5 级以上时，受风面积较大的物体不宜起吊。

【单选题】遇有（　　）级以上的大风时，禁止露天进行起重工作。

A. 5　　　　　B. 6　　　　　C. 4　　　　　D. 3

答案：B（变电《安规》17.1.7）

【填空题】遇有_____级以上的大风时，禁止露天进行起重工作。

答案：6（变电《安规》17.1.7）

17.1.8 遇有大雾、照明不足、指挥人员看不清各工作地点或起重机操作人员未获得有效指挥时，不准进行起重工作。

【单选题】遇有大雾、照明不足、指挥人员看不清各工作地点或起重机操作人员未获得有效指挥时，（　　）进行起重工作。

A. 不准　　　B. 可以　　　C. 随时　　　D. 看情况

答案：A（变电《安规》17.1.8）

【多选题】遇有（　　）或起重机操作人员未获得有效指挥时，不准进行起重工作。

A. 大雾

B. 指挥人员看不清各工作地点

C. 照明不足

D. 4级以上大风

答案：ABC（变电《安规》17.1.8）

【简答题】什么环境下不准进行起重工作？

答案：露天起重工作遇有6级以上的大风时，禁止露天进行起重工作。遇有大雾、照明不足、指挥人员看不清各工作地点或起重机操作人员未获得有效指挥时，不准进行起重工作。

（变电《安规》17.1.7～17.1.8）

17.1.9 吊物上不许站人，禁止作业人员利用吊钩来上升或下降。

【单选题】吊物上不许站人，（　　　）作业人员利用吊钩来上升或下降。

A. 允许　　　　B. 看情况　　　C. 禁止　　　　D. 以上都不对

答案：C（变电《安规》17.1.9）

【判断题】吊物上不许站人，禁止作业人员利用吊钩来上升或下降。

答案：正确（变电《安规》17.1.9）

17.1.10 各种起重设备的安装、使用以及检查、试验等，除应遵守本规程的规定外，并应执行国家、行业有关部门颁发的相关规定、规程和技术标准。

【多选题】各种起重设备的（　　　）等，除应遵守变电《安规》的规定外，并应执行国家、行业有关部门颁发的相关规定、规程和技术标准。

A. 安装　　　　B. 使用　　　　C. 检查　　　　D. 试验

答案：ABCD（变电《安规》17.1.10）

17.2 各式起重机。

17.2.1 一般规定。

17.2.1.1 没有得到起重机司机的同意，任何人不准登上起重机或桥式起重机的轨道。

【单选题】没有得到（　　　）的同意，任何人不准登上起重机或桥式起重机的轨道。

A. 工作负责人　　　　　　B. 技术员

C. 起重机司机　　　　　　D. 领导

答案：C（变电《安规》17.2.1.1）

17.2.1.2　起重机上应备有灭火装置，驾驶室内应铺橡胶绝缘垫，禁止存放易燃物品。

【单选题】起重机上应备有（　　　）装置，驾驶室内应铺橡胶绝缘垫，禁止存放易燃物品。

A. 防雷　　　B. 防滑　　　C. 灭火　　　D. 防寒

答案：C（变电《安规》17.2.1.2）

【判断题】起重机上应备有灭火装置，驾驶室内应铺橡胶绝缘垫，禁止存放易燃物品。

答案：正确（变电《安规》17.2.1.2）

【填空题】起重机上应备有＿＿＿＿＿，驾驶室内应铺橡胶绝缘垫，禁止存放易燃物品。

答案：灭火装置（变电《安规》17.2.1.2）

17.2.1.3　在用起重机械应当在每次使用前进行一次常规性检查，并做好记录。起重机械每年至少应做一次全面技术检查。

【单选题】在用起重机械应当在每次使用前进行一次常规性检查，并做好记录。起重机械（　　　）至少应做一次全面技术检查。

A. 每半年　　　B. 每年　　　C. 每两年　　　D. 每季度

答案：B（变电《安规》17.2.1.3）

【判断题】在用起重机械应当在每次使用前进行一次常规性检查，并做好记录。起重机械每年至少应做一次全面技术检查。

答案：正确（变电《安规》17.2.1.3）

17.2.1.4　起吊重物前，应由工作负责人检查悬吊情况及所吊物件的捆绑情况，认为可靠后方准试行起吊。起吊重物稍一离地（或支持物），应再检查悬吊及捆绑情况，认为可靠后方准继续起吊。

【单选题】起吊重物前，应由（　　　）检查悬吊情况及所吊物件的捆绑情况，认为可靠后方准继续起吊。

    A. 工作负责人   B. 司机

    C. 技术员   D. 专工

    答案：A（变电《安规》17.2.1.4）

17.2.1.5 禁止与工作无关人员在起重工作区域内行走或停留。

    【单选题】（   ）与工作无关人员在起重工作区域内行走或停留。

    A. 禁止   B. 允许   C. 根据情况 D. 经审批后

    答案：A（变电《安规》17.2.1.5）

    【判断题】禁止与工作无关人员在起重工作区域内行走或停留。

    答案：正确（变电《安规》17.2.1.5）

17.2.1.6 起吊重物不准让其长期悬在空中。有重物悬在空中时，禁止驾驶人员离开驾驶室或做其他工作。

    【单选题】起吊重物不准让其（   ）悬在空中。有重物悬在空中时，禁止驾驶人员离开驾驶室或做其他工作。

    A. 暂时   B. 半   C. 长期   D. 以上都不对

    答案：C（变电《安规》17.2.1.6）

    【多选题】起吊重物不准让其长期悬在空中。有重物悬在空中时，禁止驾驶人员（   ）。

    A. 升起重物   B. 降落重物

    C. 离开驾驶室   D. 做其他工作

    答案：CD（变电《安规》17.2.1.6）

17.2.1.7 禁止用起重机起吊埋在地下的物件。

    【判断题】只有做好相关安全措施后，才允许用起重机起吊埋在地下的物件。

    答案：错误（变电《安规》17.2.1.7）

17.2.1.8 在变电站内使用起重机械时，应安装接地装置，接地线应用多股软铜线，其截面应满足接地短路容量的要求，但不得小于 16mm²。

【单选题】在变电站内使用起重机械时，应安装接地装置，接地线应用多股软铜线，其截面应满足接地短路容量的要求，但不得小于（　　）mm²。

A. 10　　　　B. 5　　　　C. 8　　　　D. 16

答案：D（变电《安规》17.2.1.8）

【单选题】在变电站内使用起重机械时，应安装（　　　　），接地线应用多股软铜线，其截面应满足接地短路容量的要求，但不得小于16mm²。

A. 防护装置　B. 接地装置　C. 防雷装置　D. 安全装置

答案：B（变电《安规》17.2.1.8）

17.2.1.9 各式起重机应该根据需要安设过卷扬限制器、过负荷限制器、起重臂俯仰限制器、行程限制器、联锁开关等安全装置；其起升、变幅、运行、旋转机构都应装设制动器，其中起升和变幅机构的制动器应是常闭式的。臂架式起重机应设有力矩限制器和幅度指示器。铁路起重机应安有夹轨钳。

【单选题】各式起重机的起升、变幅、运行、旋转机构都应装设制动器，其中起升和变幅机构的制动器应是（　　）的。

A. 常闭式　　B. 常开式　　C. 短行程　　D. 长行程

答案：A（变电《安规》17.2.1.9）

【多选题】各式起重机的起升、变幅、运行、旋转机构都应装设制动器，其中（　　）机构的制动器应是常闭式的。

A. 起升　　　B. 变幅　　　C. 运行　　　D. 旋转

答案：AB（变电《安规》17.2.1.9）

17.2.2 起重机。

17.2.2.1 桥式起重机，应装有可靠的微量调节控制系统，以保证大件起吊时的可靠性。由厂房台架登上起重机的部位，宜设登机信号。

【判断题】桥式起重机，应装有可靠的微量调节控制系统，

216

以保证大件起吊时的可靠性。由厂房台架登上起重机的部位，宜设登机信号。

答案：正确（变电《安规》17.2.2.1）

【填空题】桥式起重机，应装有可靠的微量_____，以保证大件起吊时的可靠性。

答案：调节控制系统（变电《安规》17.2.2.1）

17.2.2.2 任何人不得在桥式起重机的轨道上站立或行走。特殊情况需在轨道上进行作业时，应与桥式起重机的操作人员取得联系，桥式起重机应停止运行。

【单选题】任何人不得在桥式起重机的轨道上站立或行走。特殊情况需在轨道上进行作业时，应与桥式起重机的操作人员取得联系，桥式起重机应（　　　）。

A. 停止运行　　　　　　　B. 谨慎运行

C. 继续运行　　　　　　　D. 加速运行

答案：A（变电《安规》17.2.2.2）

【多选题】任何人不得在桥式起重机的轨道上（　　　）。特殊情况需在轨道上进行作业时，应与桥式起重机的操作人员取得联系，桥式起重机应停止运行。

A. 站立　　　B. 行走　　　C. 检修　　　D. 清扫

答案：AB（变电《安规》17.2.2.2）

17.2.2.3 起重机在轨道上进行检修时，应切断电源，在作业区两端的轨道上用钢轨夹夹住，并设标示牌。其他起重机不得进入检修区。

【单选题】起重机在轨道上进行检修时，应（　　　），在作业区两端的轨道上用钢轨夹夹住，并设标示牌。其他起重机不得进入检修区。

A. 切断水源　　　　　　　B. 切断气源

C. 切断电源　　　　　　　D. 以上都不对

答案：C（变电《安规》17.2.2.3）

【填空题】起重机在轨道上进行检修时应_____，在作业区两端的轨道上用钢轨夹夹住，并设标示牌。

答案：切断电源（变电《安规》17.2.2.3）

17.2.2.4 厂房内的桥式起重机作业完毕后应停放在指定地点。

【单选题】厂房内的桥式起重机作业完毕后应停放在（　　）。

A. 工作区域   B. 任意地点

C. 指定地点   D. 以上都不对

答案：C（变电《安规》17.2.2.4）

17.2.2.5 在露天使用的起重机的机身上不得随意安设增加受风面积的设施。其驾驶室内，冬天可装有电气取暖设备，作业人员离开时，应切断电源。不准用煤火炉或电炉取暖。

【单选题】在露天使用的起重机的机身上（　　）安设增加受风面积的设施。其驾驶室内，冬天可装有电气取暖设备，作业人员离开时，应切断电源。不准用煤火炉或电炉取暖。

A. 不得随意   B. 可以随意

C. 绝不可以   D. 以上都不对

答案：A（变电《安规》17.2.2.5）

17.2.3 流动式起重机。

17.2.3.1 在带电设备区域内使用汽车吊、斗臂车时，车身应使用不小于 16mm² 的软铜线可靠接地。在道路上施工应设围栏，并设置适当的警示标志牌。

【判断题】流动式起重机，在道路上施工应设围栏，并设置适当的警示标志牌。

答案：正确（变电《安规》17.2.3.1）

17.2.3.2 起重机停放或行驶时，其车轮、支腿或履带的前端或外侧与沟、坑边缘的距离不准小于沟、坑深度的 1.2 倍；否则应采取防倾、防坍塌措施。

【多选题】起重机停放或行驶时，其（　　）的前端或外侧与沟、坑边缘的距离不准小于沟、坑深度的 1.2 倍；否则应采取防倾、防坍塌措施。

A. 车轮　　　B. 支腿　　　C. 履带　　　D. 后视镜

答案：ABC（变电《安规》17.2.3.2）

17.2.3.3 作业时，起重机应置于平坦、坚实的地面上，机身倾斜度不准超过制造厂的规定。不准在暗沟、地下管线等上面作业；不能避免时，应采取防护措施，不准超过暗沟、地下管线允许的承载力。

【多选题】作业时，起重机应置于平坦、坚实的地面上，机身倾斜度不准超过制造厂的规定。不准在暗沟、地下管线等上面作业；不能避免时，应采取防护措施，不准超过（　　）允许的承载力。

A. 杂物　　　B. 暗沟　　　C. 碎石　　　D. 地下管线

答案：BD（变电《安规》17.2.3.3）

17.2.3.4 作业时，起重机臂架、吊具、辅具、钢丝绳及吊物等与架空输电线及其他带电体的最小安全距离不得小于表 18 的规定，且应设专人监护。如小于表 18、大于表 1 时应制定防止误碰带电设备的安全措施，并经本单位批准。小于表 1 的安全距离时，应停电进行。

表 18　　　　　　　　　与带电体的最小安全距离

电压 kV	<1	1~10	35~66	110	220	330	500
最小安全距离 m	1.5	3.0	4.0	5.0	6.0	7.0	8.5

【单选题】变电《安规》规定带电体电压为 220kV，作业时，起重机臂架、吊具、辅具、钢丝绳及吊物等与带电体的最小安全距离不得小于（　　）m。

A. 3　　　　　B. 4　　　　　C. 5　　　　　D. 6

答案：D（变电《安规》17.2.3.4）

17.2.3.5 长期或频繁地靠近架空线路或其他带电体作业时，应采取隔离防护措施。

【判断题】起重作业，长期或频繁地靠近架空线路或其他带电体作业时，可继续带电作业。

答案：错误（变电《安规》17.2.3.5）

17.2.3.6 汽车起重机行驶时，应将臂杆放在支架上，吊钩挂在挂钩上并将钢丝绳收紧。禁止上车操作室坐人。

【填空题】汽车起重机行驶时，应将臂杆放在支架上，吊钩挂在挂钩上并将钢丝绳收紧。＿＿＿＿上车操作室坐人。

答案：禁止（变电《安规》17.2.3.6）

17.2.3.7 汽车起重机及轮胎式起重机作业前应先支好全部支腿后方可进行其他操作；作业完毕后，应先将臂杆放在支架上，然后方可起腿。汽车式起重机除具有吊物行走性能者外，均不得吊物行走。

【单选题】汽车起重机及轮胎式起重机（　　）应支开全部支腿后方可进行其他操作，作业完毕后，应将臂杆放在支架上，然后方可起腿。

A. 作业后　　　B. 作业前　　　C. 作业过程中　D. 以上都不对

答案：B（变电《安规》17.2.3.7）

【填空题】汽车起重机及轮胎式起重机作业前应先支好＿＿＿＿支腿后方可进行其他操作。

答案：全部（变电《安规》17.2.3.7）

17.3 起重工器具。

17.3.1 钢丝绳。

17.3.1.1 钢丝绳应按出厂技术数据使用。无技术数据时，应进行单丝破断力试验。

【单选题】钢丝绳应按出厂技术数据使用，无技术数据时，应进行（　　）破断力试验。

A. 单根　　　B. 多根　　　C. 单丝　　　　D. 多丝

答案：C（变电《安规》17.3.1.1）

【填空题】钢丝绳应按出厂技术数据使用。无技术数据时，应进行_____破断力试验。

答案：单丝（变电《安规》17.3.1.1）

17.3.1.4 钢丝绳端部用绳卡固定连接时，绳卡压板应在钢丝绳主要受力的一边，不准正反交叉设置；绳卡间距不应小于钢丝绳直径的 6 倍；绳卡数量应符合表 21 的规定。

表 21　　　　　　　钢丝绳端部固定用绳卡数量

钢丝绳直径 mm	7～18	19～27	28～37	38～45
绳卡数量 个	3	4	5	6

【填空题】钢丝绳端部用绳卡固定连接时，绳卡压板应在钢丝绳主要受力的一边，不准正反交叉设置；绳卡间距不应小于钢丝绳直径的_____倍。

答案：6（变电《安规》17.3.1.4）

17.3.1.5 插接的环绳或绳套，其插接长度应不小于钢丝绳直径的 15 倍，且不得小于 300mm。新插接的钢丝绳套应作 125%允许负荷的抽样试验。

【单选题】插接的环绳或绳套，其插接长度应不小于钢丝绳直径的 15 倍，且不得小于（　　）mm。新插接的钢丝绳套应作 125%允许负荷的抽样试验。

A. 100　　　　　B. 300　　　　　C. 500　　　　　D. 800

答案：B（变电《安规》17.3.1.5）

17.3.1.6 通过滑轮及卷筒的钢丝绳不得有接头。滑轮、卷筒的槽底或细腰部直径与钢丝绳直径之比应遵守下列规定：起重滑车：机械驱动时不应小于 11；人力驱动时不应小于 10。

【单选题】通过滑轮及卷筒的钢丝绳不得有接头。滑轮、卷筒的槽底或细腰部直径与钢丝绳直径之比应遵守下列规定：起重滑车：机械驱动时不应小于11；人力驱动时不应小于（　　）。

　　A. 10　　　　　B. 20　　　　　C. 30　　　　　D. 40

　　答案：A（变电《安规》17.3.1.6）

17.3.2　千斤顶。

17.3.2.1　千斤顶使用前应检查各部分是否完好。油压式千斤顶的安全栓有损坏、螺旋式千斤顶或齿条式千斤顶的螺纹或齿条的磨损量达到20%时，禁止使用。

　　【单选题】千斤顶使用前应检查各部分是否完好。油压式千斤顶的安全栓有损坏、螺旋式千斤顶或齿条式千斤顶的螺纹或齿条的磨损量达到（　　）%时，禁止使用。

　　A. 5　　　　　B. 20　　　　　C. 50　　　　　D. 80

　　答案：B（变电《安规》17.3.2.1）

17.3.2.2　应设置在平整、坚实处，并用垫木垫平。千斤顶应与荷重面垂直，其顶部与重物的接触面间应加防滑垫层。

　　【填空题】千斤顶应与荷重面_____，其顶部与重物的接触面间应加防滑垫层。

　　答案：垂直（变电《安规》17.3.2.2）

17.3.2.3　禁止超载使用，不得加长手柄或超过规定人数操作。

　　【判断题】千斤顶禁止超载使用，不得加长手柄或超过规定人数操作。

　　答案：正确（变电《安规》17.3.2.3）

17.3.2.4　使用油压式千斤顶时，任何人不得站在安全栓的前面。

　　【填空题】使用油压式千斤顶时，任何人不得站在安全栓的_____面。

　　答案：前（变电《安规》17.3.2.4）

17.3.2.5　用两台及两台以上千斤顶同时顶升一个物体时，千斤顶的总起重能力应不小于荷重的两倍。顶升时应由专人统一指挥，确保各千斤顶的顶升速度及受力基本一致。

【单选题】用两台及以上千斤顶同时顶升一个物体时，千斤顶的总起重能力应不小于荷重的（　　）倍。顶升时应由专人统一指挥，确保各千斤顶的顶升速度及受力基本一致。

A. 1　　　　　B. 2　　　　　C. 3　　　　　D. 4

答案：B（变电《安规》17.3.2.5）

17.3.2.6 油压式千斤顶的顶升高度不得超过限位标志线；螺旋式及齿条式千斤顶的顶升高度不得超过螺杆或齿条高度的 3/4。

【判断题】油压式千斤顶的顶升高度不得超过限位标志线。

答案：正确（变电《安规》17.3.2.6）

17.3.2.7 禁止将千斤顶放在长期无人照料的荷重下面。

【判断题】可以将千斤顶放在长期无人照料的荷重下面。

答案：错误（变电《安规》17.3.2.7）

17.3.2.8 下降速度应缓慢，禁止在带负荷的情况下使其突然下降。

【单选题】禁止在（　　）情况下使千斤顶突然下降。

A. 无负荷的　　　　　　　　B. 任何

C. 带负荷的　　　　　　　　D. 以上均不对

答案：C（变电《安规》17.3.2.8）

17.3.3 链条葫芦。

17.3.3.1 使用前应检查吊钩、链条、传动装置及刹车装置是否良好。吊钩、链轮、倒卡等有变形时，以及链条直径磨损量达 10% 时，禁止使用。

【填空题】使用前应检查吊钩、链条、传动装置及刹车装置是否良好。吊钩、链轮、倒卡等有变形时，以及链条直径磨损量达 10% 时，_____使用。

答案：禁止（变电《安规》17.3.3.1）

17.3.3.2 两台及两台以上链条葫芦起吊同一重物时，重物的重量应不大于每台链条葫芦的允许起重量。

【填空题】两台及两台以上链条葫芦起吊同一重物时，重物的重量应_____每台链条葫芦的允许起重量。

答案：不大于（变电《安规》17.3.3.2）

17.3.3.3 起重链不得打扭，亦不得拆成单股使用。

【判断题】链条葫芦起重链可拆成单股使用，但不得打扭。

答案：错误（变电《安规》17.3.3.3）

17.3.3.4 不得超负荷使用，起重能力在5t以下的允许一人拉链，起重能力在5t以上的允许两人拉链，不得随意增加人数猛拉。操作时，人员不准站在链条葫芦的正下方。

【判断题】链条葫芦操作时，人员不得站在链条葫芦的正下方。

答案：正确（变电《安规》17.3.3.4）

17.3.3.5 吊起的重物如需在空中停留较长时间，应将手拉链拴在起重链上，并在重物上加设保险绳。

【判断题】吊起的重物如需在空中停留较长时间，应将手拉链拴在起重链上，并在重物上加设保险绳。

答案：正确（变电《安规》17.3.3.5）

17.3.3.6 在使用中如发生卡链情况，应将重物垫好后方可进行检修。

【判断题】链条葫芦在使用中如发生卡链情况，应将重物卸下后方可进行检修。

答案：错误（变电《安规》17.3.3.6）

17.3.3.7 悬挂链条葫芦的架梁或建筑物，应经过计算，否则不得悬挂。禁止用链条葫芦长时间悬吊重物。

【填空题】禁止用链条葫芦_____悬吊重物。

答案：长时间（变电《安规》17.3.3.7）

17.3.4 合成纤维吊装带。

17.3.4.1 合成纤维吊装带应按出厂数据使用，无数据时禁止使用。使用中应避免与尖锐棱角接触，如无法避免应装设必要的护套。

【判断题】合成纤维吊装带应按出厂数据使用，无数据时应避免与尖锐棱角接触，如无法避免应装设必要的护套。

答案：错误（变电《安规》17.3.4.1）

17.3.4.3 吊装带用于不同承重方式时，应严格按照标签给予定值使用。

【判断题】合成纤维吊装带用于不同承重方式时，应严格按照标签给予定值使用。

答案：正确（变电《安规》17.3.4.3）

17.3.4.4 发现外部护套破损显露出内芯时，应立即停止使用。

【判断题】合成纤维吊装带发现外部护套破损显露出内芯时，应采取相关措施后方可使用。

答案：错误（变电《安规》17.3.4.4）

17.3.5 纤维绳。

17.3.5.2 纤维绳在潮湿状态下的允许荷重应减少一半，涂沥青的纤维绳应降低 20%使用。一般纤维绳禁止在机械驱动的情况下使用。

【单选题】纤维绳在潮湿状态下的允许荷重应减少（　　　），涂沥青的纤维绳应降低20%使用。

A. 五分之一　　　　　　　B. 四分之一
C. 三分之一　　　　　　　D. 二分之一

答案：D（变电《安规》17.3.5.2）

17.3.5.3 切断绳索时，应先将预定切断的两边用软钢丝扎结，以免切断后绳索松散，断头应编结处理。

【判断题】切断纤维绳的绳索时，应先将预定切断的两边用软钢丝扎结，以免切断后绳索松散，断头应编结处理。

答案：正确（变电《安规》17.3.5.3）

17.3.6 卸扣。

17.3.6.1 卸扣应是锻造的。卸扣不准横向受力。

【单选题】卸扣应是锻造的。卸扣不准（　　　）受力。

A. 横向　　　　B. 纵向　　　　C. 倾斜　　　　D. 以上均不对

答案：A（变电《安规》17.3.6.1）

17.3.6.3 不准使卸扣处于吊件的转角处。

【单选题】不准使卸扣处于吊件的（　　　）。

A. 上端　　　　B. 下端　　　　C. 转角处　　　　D. 中间

答案：C（变电《安规》17.3.6.3）

17.3.7 滑车及滑车组。

17.3.7.1 滑车及滑车组使用前应进行检查，发现有裂纹、轮沿破损等情况者，不准使用。滑车组使用中，两滑车滑轮中心间的最小距离不准小于表22的规定。

表22　　　　　　　滑车组两滑车滑轮中心最小允许距离

滑车起重量 t	1	5	10～20	32～50
滑轮中心最小允许距离 mm	700	900	1000	1200

【单选题】滑车起重量 5t，滑车组使用中，两滑车滑轮中心间的最小距离不准小于（　　　）mm。

A. 600　　　　B. 700　　　　C. 800　　　　D. 900

答案：D（变电《安规》17.3.7.1）

17.3.7.2 滑车不准拴挂在不牢固的结构物上。线路作业中使用的滑车应有防止脱钩的保险装置，否则应采取封口措施。使用开门滑车时，应将开门勾环扣紧，防止绳索自动跑出。

【判断题】线路作业中使用的滑车应有防止脱钩的保险装置，否则应采取封口措施。

答案：正确（变电《安规》17.3.7.2）

17.3.7.3 拴挂固定滑车的桩或锚，应按土质不同情况加以计算，使之埋设牢固可靠。如使用的滑车可能着地，则应在滑车底下垫以木板，防止垃圾窜入滑车。

【判断题】如使用的滑车可能着地，则应在滑车底下垫以篷布，防止垃圾窜入滑车。

答案：错误（变电《安规》17.3.7.3）

17.4 人工搬运。

17.4.1 搬运的过道应当平坦畅通，如在夜间搬运应有足够的照明。如需经过山地陡坡或凹凸不平之处，应预先制定运输方案，采取必要的安全措施。

【单选题】关于人工搬运，下列说法错误的是（　　）。

A. 搬运的过道应当平坦畅通

B. 如在夜间搬运应有足够的照明

C. 如需经过山地陡坡或凹凸不平之处，应预先制定运输方案，采取必要的安全措施

D. 如需经过山地陡坡或凹凸不平之处，不需要制定运输方案

答案：D（变电《安规》17.4.1）

【多选题】关于人工搬运，下列说法正确的是（　　）。

A. 搬运的过道应当平坦畅通

B. 如在夜间搬运应有足够的照明

C. 如需经过山地陡坡或凹凸不平之处，应预先制定运输方案，采取必要的安全措施

D. 如需经过山地陡坡或凹凸不平之处，不需要制定运输方案

答案：ABC（变电《安规》17.4.1）

17.4.2 用管子滚动搬运应遵守下列规定：

a） 应由专人负责指挥。

b） 管子承受重物后两端各露出约 30cm，以便调节转向。手动调节管子时，应注意防止手指压伤。

c） 上坡时应用木楔垫牢管子，以防管子滚下；同时，无论上坡、下坡，均应对重物采取防止下滑的措施。

【多选题】用管子滚动搬运应遵守（　　）的规定。

A. 应由专人负责指挥

B. 管子承受重物后两端各露出约 30cm，以便调节转向。手动调节管子时，应注意防止手指压伤

C. 上坡时应用木楔垫牢管子，以防管子滚下

D. 无论上坡、下坡，均应对重物采取防止下滑的措施

答案：ABCD（变电《安规》17.4.2）

18 高 处 作 业

18.1 一般注意事项。

18.1.1 凡在坠落高度基准面 2m 及以上的高处进行的作业，都应视作高处作业。

【单选题】凡在坠落高度基准面（　　）m 及以上的高处进行的作业，都应视作高处作业。

A. 0.7　　　　B. 1　　　　C. 1.5　　　　D. 2

答案：D（变电《安规》18.1.1）

【填空题】凡在坠落高度基准面＿＿＿m 及以上的高处进行的作业，都应视作高处作业。

答案：2（变电《安规》18.1.1）

18.1.2 凡参加高处作业的人员，应每年进行一次体检。

【单选题】凡参加高处作业的人员，应（　　）进行一次体检。

A. 半年　　　　B. 每年　　　　C. 两年　　　　D. 一季度

答案：B（变电《安规》18.1.2）

18.1.3 高处作业均应先搭设脚手架、使用高空作业车、升降平台或采取其他防止坠落措施，方可进行。

【单选题】高处作业均应先搭设脚手架、使用高空作业车、升降平台或采取其他（　　）措施，方可进行。

A. 防火　　　B. 防止坠落　　C. 防爆　　　D. 防触电

答案：B（变电《安规》18.1.3）

【多选题】高处作业均应（　　），方可进行。

A. 搭设脚手架　　　　　　　B. 使用高空作业车

C. 使用升降平台　　　　　　D. 采取其他防止坠落措施

答案：ABCD（变电《安规》18.1.3）

【简答题】高处作业应采取哪些防坠措施后方可进行？

答案：高处作业均应先搭设脚手架、使用高空作业车、升降平台或采取其他防止坠落措施，方可进行。

（变电《安规》18.1.3）

18.1.4 在屋顶以及其他危险的边沿进行工作，临空一面应装设安全网或防护栏杆，否则，作业人员应使用安全带。

【填空题】在屋顶以及其他危险的边沿进行工作，_____一面应装设安全网或防护栏杆，否则，作业人员应使用安全带。

答案：临空（变电《安规》18.1.4）

【填空题】在屋顶以及其他危险的边沿进行工作，临空一面应装设安全网或防护栏杆，否则，作业人员应使用_____。

答案：安全带（变电《安规》18.1.4）

【多选题】在屋顶以及其他危险的边沿进行工作，临空一面应装设（　　）或（　　），否则，作业人员应使用安全带。

A. 防坠网　　　　　　　　B. 安全网

C. 安全绳　　　　　　　　D. 防护栏杆

答案：BD（变电《安规》18.1.4）

18.1.5 在没有脚手架或者在没有栏杆的脚手架上工作，高度超过1.5m 时，应使用安全带，或采取其他可靠的安全措施。

【单选题】在没有脚手架或者在没有围栏的脚手架上工作，高度超过（　　）m 时，应使用安全带，或采取其他可靠的安全措施。

A. 1.5　　　　B. 1.2　　　　C. 1.0　　　　D. 0.8

答案：A（变电《安规》18.1.5）

【填空题】在没有脚手架或者在没有栏杆的脚手架上工作，高度超过_____m 时，应使用安全带，或采取其他可靠的安全措施。

答案：1.5（变电《安规》18.1.5）

18.1.6 安全带和专作固定安全带的绳索在使用前应进行外观检查。安全带应按附录 L 定期检验，不合格的不准使用。

附 录 L

（规范性附录）

登高工器具试验标准表

序号	名称	项目	周期	要求			说明
1	安全带	静负荷试验	1年	种类	试验静拉力N	载荷时间min	牛皮带试验周期为半年
				围杆带	2205	5	
				围杆绳	2205	5	
				护腰带	1470	5	
				安全绳	2205	5	
2	安全帽	冲击性能试验	按规定期限	冲击力小于4900N			使用用期限：从制造之日起，塑料帽≤2.5年，玻璃钢帽≤3.5年
		耐穿刺性能试验	按规定期限	钢锥不接触头模表面			
3	脚扣	静负荷试验	1年	施加1176N静压力，持续时间5min			
4	升降板	静负荷试验	半年	施加2205N静压力，持续时间5min			
5	梯子	静负荷试验	半年	施加1765N静压力，持续时间5min			
6	防坠自锁器	静负荷试验	1年	将15kN力加载到导轨上，保持5min			标准来自于GB/T 6096—2009《安全带测试方法》4.7.3.2条和4.10.3.3条
		冲击试验	1年	将100kg±1kg荷载用1m长绳索连接在防坠自锁器上，从与防坠自锁器水平位置释放，测试冲击力峰值在6kN±0.3kN之间为合格			

序号	名称	项目	周期	要求	说明
7	缓冲器	静荷试验	1年	a）悬垂状态下末端挂 5kg 重物，测量缓冲器端点长度； b）两端受力点之间加载 2kN 保持 2min，卸载 5min 后检查缓冲器是否打开，并在悬垂状态下末端挂 5kg 重物，测量缓冲器端点长度； 计算两次测量结果差，即初始变形，精确至 1mm	标准来自于 GB/T 6096—2009《安全带测试方法》4.11.2 条
8	速差自控器	静荷试验	1年	将 15kN 力加载到速差自控器上，保持 5min	标准来自于 GB/T 6096—2009《安全带测试方法》4.7.3.3 条和 4.10.3.4 条
		冲击试验	1年	将 100kg±1kg 荷载用 1m 长绳索连接在速差自控器上，从与速差自控器水平位置释放，测试冲击力峰值在 6kN±0.3kN 之间为合格	

注 安全帽在使用期满后，抽查合格后该批方可继续使用，以后每年抽验一次。登高工器具的试验方法参照国电发〔2002〕777 号《电力安全工器具预防性试验规程（试行）》的相关内容。

【单选题】安全帽在使用期满后，抽查合格后该批方可继续使用，以后每（　　）抽验一次。

A. 半年　　　B. 一年　　　C. 两年　　　D. 三年

答案：B（变电《安规》18.1.6）

【判断题】安全带和专作固定安全带的绳索在使用前应进行外观检查。安全带应按相关规程要求定期检验，不合格的不准使用。

答案：正确（变电《安规》18.1.6）

【填空题】安全带和专用固定安全带的绳索在使用前应进行_____。

答案：外观检查（变电《安规》18.1.6）

18.1.7 在电焊作业或其他有火花、熔融源等的场所使用的安全带或安全绳应有隔热防磨套。

【单选题】在电焊作业或其他有火花、熔融源等场所使用的安全带或安全绳应有（　　　）。

A. 绝缘套　　　　　　　　　B. 防护套

C. 隔热防磨套　　　　　　　D. 双保险

答案：C（变电《安规》18.1.7）

【填空题】在电焊作业或其他有火花、熔融源等场所使用的安全带或安全绳应有＿＿＿＿。

答案：隔热防磨套（变电《安规》18.1.7）

【多选题】在有（　　　）的场所使用的安全带或安全绳应有隔热防磨套。

A. 潮湿　　　B. 火花　　　C. 熔融源　　　D. 电焊作业

答案：BCD（变电《安规》18.1.7）

【多选题】在电焊作业或其他有火花、熔融源等的场所使用的（　　　）或（　　　）应有隔热防磨套。

A. 安全带　　B. 防护绳　　C. 安全绳　　D. 防坠网

答案：AC（变电《安规》18.1.7）

18.1.8 安全带的挂钩或绳子应挂在结实牢固的构件上，或专为挂安全带用的钢丝绳上，并应采用高挂低用的方式。禁止系挂在移动或不牢固的物件上［如隔离开关（刀闸）支持绝缘子、CVT 绝缘子、母线支柱绝缘子、避雷器支柱绝缘子等］。

【单选题】安全带的挂钩或绳子应挂在（　　　）的构件上，或专为挂安全带用的钢丝绳上，并应采用高挂低用的方式。

A. 有弹性　　B. 可移动　　C. 金属　　D. 结实牢固

答案：D（变电《安规》18.1.8）

【单选题】安全带的挂钩或绳子应挂在结实牢固的构件上，或专为挂安全带用的钢丝绳上，并应采用（　　　）的方式。

A. 低挂高用　　B. 高挂低用　　C. 平行　　　D. 任何方式

答案：B（变电《安规》18.1.8）

【多选题】以下哪些物件禁止系挂安全带？（　　　）

A. 隔离开关（刀闸）支持绝缘子

B. CVT 绝缘子

C. 母线支柱绝缘子

D. 避雷器支柱绝缘子

答案：ABCD（变电《安规》18.1.8）

【判断题】安全带的挂钩或绳子应挂在结实牢固的构件上，或专为挂安全带用的钢丝绳上，并应采用低挂高用的方式。

答案：错误（变电《安规》18.1.8）

18.1.9 高处作业人员在作业过程中，应随时检查安全带是否拴牢。高处作业人员在转移作业位置时不得失去安全保护。

【单选题】高处作业人员在作业过程中，应（　　　）检查安全带是否拴牢。高处作业人员在转移作业位置时不得失去安全保护。

A. 定期　　　B. 安排专人　C. 随时　　　　D. 加强

答案：C（变电《安规》18.1.9）

【判断题】高处作业人员在转移作业位置时不得失去安全保护。

答案：正确（变电《安规》18.1.9）

【判断题】高处作业人员在作业过程中，应随时检查安全带是否拴牢。

答案：正确（变电《安规》18.1.9）

18.1.10 高处作业使用的脚手架应经验收合格后方可使用。上下脚手架应走斜道或梯子，作业人员不准沿脚手杆或栏杆等攀爬。

【单选题】高处作业使用的脚手架应经（　　　）后方可使用。

A. 可靠固定　　　　　　B. 验收合格

C. 外观检查　　　　　　D. 静载荷试验

答案：B（变电《安规》18.1.10）

【填空题】高处作业使用的脚手架应经_____后方可使用。

答案：验收合格（变电《安规》18.1.10）

【多选题】作业人员上下脚手架应走（　　　）。

A. 斜道　　　B. 脚手杆　　C. 梯子　　　D. 栏杆

答案：AC（变电《安规》18.1.10）

【判断题】高处作业使用的脚手架应经验收合格后方可使用。上下脚手架应走斜道或梯子，身手矫捷的也可沿脚手杆或栏杆等攀爬。

答案：错误（变电《安规》18.1.10）

【简答题】作业人员应怎样上下脚手架？

答案：上下脚手架应走斜道或梯子，作业人员不准沿脚手杆或栏杆等攀爬。

（变电《安规》18.1.10）

18.1.11　高处作业应一律使用工具袋。较大的工具应用绳拴在牢固的构件上，工件、边角余料应放置在牢靠的地方或用铁丝扣牢并有防止坠落的措施，不准随便乱放，以防止从高处坠落发生事故。

【单选题】高处作业时，较大的工具应用绳拴在（　　　）上，工件、边角余料应放置在牢靠的地方或用铁丝扣牢并有防止坠落的措施，不准随便乱放，以防止从高处坠落发生事故。

A. 设备　　　　　　　　B. 牢固的构件

C. 脚手架　　　　　　　D. 作业人员

答案：B（变电《安规》18.1.11）

【多选题】高处作业人员在作业过程中的注意事项有（　　　）。

A. 上下抛递工具时应先观察下方没有人员

B. 在转移作业位置时不得失去安全保护

C. 应一律使用工具袋

D. 应随时检查安全带是否拴牢

答案：BCD（变电《安规》18.1.9、18.1.11）

【判断题】高处作业时，较大的工具应用绳拴在牢固的构件上，工件、边角余料应放置在牢靠的地方或用铁丝扣牢并有防止坠落的措施，不准随便乱放，以防止从高空坠落发生事故。

答案：正确（变电《安规》18.1.11）

18.1.12 在进行高处作业时，除有关人员外，不准他人在工作地点的下面通行或逗留，工作地点下面应有围栏或装设其他保护装置，防止落物伤人。如在格栅式的平台上工作，为了防止工具和器材掉落，应采取有效隔离措施，如铺设木板等。

【单选题】在进行高处作业时，除有关人员外，不准他人在工作地点的下面通行或逗留，工作地点下面应有（   ）或装设其他保护装置，防止落物伤人。

A. 专人监护   B. 路障

C. 安全标志牌   D. 围栏

答案：D（变电《安规》18.1.12）

【单选题】在格栅式的平台上工作，为了防止工具和器材掉落，应采取有效（   ）措施。

A. 保护   B. 隔离   C. 防护   D. 阻断

答案：B（变电《安规》18.1.12）

【多选题】对于高处作业工作地点的要求，以下哪些说法是正确的？（   ）

A. 除有关人员外，不准他人在工作地点的下面通行或逗留

B. 工作地点应通风良好

C. 工作地点下面应有围栏或装设其他保护装置

D. 在格栅式的平台上工作应采取有效隔离措施

答案：ACD（变电《安规》18.1.12）

【填空题】在格栅式的平台上工作，为了防止工具和器材掉落，应采取有效_____措施。

答案：隔离（变电《安规》18.1.12）

18.1.13 禁止将工具及材料上下投掷，应用绳索拴牢传递，以免打伤下方作业人员或击毁脚手架。

【判断题】高处作业禁止将工具及材料上下投掷，应用绳索拴牢传递，以免打伤下方作业人员或击毁脚手架。

答案：正确（变电《安规》18.1.13）

18.1.14 高处作业区周围的孔洞、沟道等应设盖板、安全网或围栏并有固定其位置的措施。同时，应设置安全标志，夜间还应设红灯示警。

【单选题】高处作业区周围的孔洞、沟道等应设盖板、安全网或围栏并有固定其位置的措施。同时，应设置安全标志，夜间还应设（　　　）示警。

A. 黄灯　　　B. 蓝灯　　　C. 绿灯　　　D. 红灯

答案：D（变电《安规》18.1.14）

【多选题】高处作业区周围的孔洞、沟道等应设（　　　）并有固定其位置的措施。

A. 盖板　　　B. 安全网　　C. 围栏　　　D. 专人看守

答案：ABC（变电《安规》18.1.14）

【多选题】高处作业区周围的（　　　）等应设盖板、安全网或围栏并有固定其位置的措施。

A. 孔洞　　　B. 位置　　　C. 平地　　　D. 沟道

答案：AD（变电《安规》18.1.14）

18.1.15 低温或高温环境下作业，应采取保暖或防暑降温措施，作业时间不宜过长。

【单选题】低温或高温环境下高空作业，应采取（　　　）措施，作业时间不宜过长。

A. 保暖或防暑降温　　　　　B. 安全

C. 防护　　　　　　　　　　D. 隔离

【多选题】低温或高温环境下作业，应采取（　　　）或（　　　）措施，作业时间不宜过长。

A. 防寒　　　B. 保暖　　　C. 防暑降温　D. 防冻

答案：BC（变电《安规》18.1.15）

18.1.16 在 5 级及以上的大风以及暴雨、雷电、冰雹、大雾、沙尘暴等恶劣天气下，应停止露天高处作业。特殊情况下，确需在恶劣天气进行抢修时，应组织人员充分讨论必要的安全措施，经本单位批准后方可进行。

【多选题】以下哪些情况下应停止露天高处作业？（　　　）

A. 4 级及以上的大风　　　　　B. 雷电、暴雨

C. 大雾、沙尘暴　　　　　　　D. 冰雹

答案：BCD（变电《安规》18.1.16）

【填空题】在_____级及以上的大风以及暴雨、雷电、冰雹、大雾、沙尘暴等恶劣天气下，应停止露天高处作业。

答案：5（变电《安规》18.1.16）

【问答题】在哪些恶劣天气下应停止露天高处作业？如确需在恶劣天气抢修时应怎么办？

答案：在 5 级及以上的大风以及暴雨、雷电、冰雹、大雾、沙尘暴等恶劣天气下，应停止露天高处作业。特殊情况下，确需在恶劣天气下进行抢修时，应组织人员充分讨论必要的安全措施，经本单位批准后方可进行。

（变电《安规》18.1.16）

18.1.18 利用高空作业车、带电作业车、叉车、高处作业平台等进行高处作业时，高处作业平台应处于稳定状态，需要移动车辆时，作业平台上不得载人。

【单选题】利用高空作业车、带电作业车、叉车、高处作业平台等进行高处作业时，高处作业平台应处于（　　　）状态。

A. 倾斜　　　B. 稳定　　　C. 水平　　　D. 移动

答案：B（变电《安规》18.1.18）

【多选题】利用高空作业车、带电作业车、叉车、高处作业平台等进行高处作业时，有哪些注意事项？（　　　）

A. 高处作业平台应处于稳定状态

B. 移动车辆时作业平台上人员应系好安全带，防止高处坠落

C. 平台上人员作业时，移动车辆应当有专人指挥

D. 需要移动车辆时，作业平台上不得载人

答案：AD（变电《安规》18.1.18）

【多选题】利用（   ）进行高处作业时，高处作业平台应处于稳定状态，需要移动车辆时，作业平台上不得载人。

A. 高空作业车   B. 带电作业车

C. 叉车   D. 高处作业平台

答案：ABCD（变电《安规》18.1.18）

18.2 梯子。

18.2.1 梯子应坚固完整，有防滑措施。梯子的支柱应能承受作业人员及所携带的工具、材料攀登时的总重量。

【单选题】梯子应坚固完整，有（   ）措施。

A. 防滑   B. 制动   C. 绝缘   D. 移动

答案：A（变电《安规》18.2.1）

【判断题】梯子应坚固完整，有防滑措施。梯子的支柱应能承受作业人员及所携带的工具、材料攀登时的总重量。

答案：正确（变电《安规》18.2.1）

【填空题】梯子应坚固完整，有_____措施。

答案：防滑（变电《安规》18.2.1）

18.2.2 硬质梯子的横档应嵌在支柱上，梯阶的距离不应大于40cm，并在距梯顶1m处设限高标志。使用单梯工作时，梯子与地面的斜角度约为60°。梯子不宜绑接使用。人字梯应有限制开度的措施。人在梯子上时，禁止移动梯子。

【单选题】硬质梯子的横档应嵌在支柱上，梯阶的距离不应大于40cm，并在距梯顶（   ）m处设限高标志。

A. 0.5   B. 1   C. 1.5   D. 2

答案：B（变电《安规》18.2.2）

【单选题】硬质梯子的横档应嵌在支柱上，梯阶的距离不应大于（   ）cm。

A. 50   B. 60   C. 30   D. 40

答案：D（变电《安规》18.2.2）

【单选题】使用单梯工作时，梯子与地面的斜角度约为（   ）。

A. 40°   B. 50°   C. 60°   D. 70°

答案：C（变电《安规》18.2.2）

【单选题】变电《安规》规定，梯子不宜绑接使用。人字梯应有（   ）的措施。

A. 限制高度   B. 限制开度
C. 限制长度   D. 防止触电

答案：B（变电《安规》18.2.2）

【多选题】以下关于梯子的说法哪些是正确的？（   ）

A. 梯子应坚固完整

B. 应有防滑措施

C. 梯阶的距离不应大于40cm

D. 单梯工作时，梯与地面的斜角度约为50°

答案：ABC（变电《安规》18.2.1、18.2.2）

【判断题】梯子上有人时，若要移动梯子，应检查安全带已系牢固，做好防止人员坠落措施。

答案：错误（变电《安规》18.2.2）

【问答题】使用梯子进行高处作业有什么安全要求？

答案：梯子应坚固完整，有防滑措施。梯子的支柱应能承受作业人员及所携带的工具、材料攀登时的总重量。硬质梯子的横档应嵌在支柱上，梯阶的距离不应大于40cm，并在距梯顶1m处设限高标志。使用单梯工作时，梯与地面的斜角度约为60°。梯子不宜绑接使用。人字梯应有限制开度的措施。人在梯子上时，禁止移动梯子。

（变电《安规》18.2.1、18.2.2）

第二部分

安全设施标准习题

3 术 语 与 定 义

3.1

安全设施　safety facility

生产经营活动中将危险因素、有害因素控制在安全范围内以及预防、减少、消除危害所配置的安全标志、设备、建（构）筑物标志、安全警示线、安全防护设施等的统称。

【多选题】安全设施是指生产经营活动中将危险因素、有害因素控制在安全范围内，以及预防、减少、消除危害所配置的（　　　）等的统称。

A. 设备标志　　　　　　　　B. 安全标志

C. 安全警示线　　　　　　　D. 安全防护设施

答案：ABCD（火电厂《安全设施标准》3.1）

3.2

安全色　safety colour

传递安全信息含义的颜色，包括红、蓝、黄、绿四种颜色。红色传递禁止、停止、危险或提示消防设备、设施的信息；蓝色传递必须遵守规定的指令性信息；黄色传递注意、警告的信息；绿色传递表示安全的提示性信息。

【单选题】安全色中，（　　　）色传递禁止、停止、危险或提示消防设备、设施的信息。

A. 红　　　　B. 蓝　　　　C. 黄　　　　D. 绿

答案：A（火电厂《安全设施标准》3.2）

【单选题】安全色中，（　　　）色传递必须遵守规定的指令性信息。

A. 红　　　　B. 蓝　　　　C. 黄　　　　D. 绿

答案：B（火电厂《安全设施标准》3.2）

【单选题】安全色中，（　　　）色传递注意、警告的信息。

A. 红　　　　　B. 蓝　　　　　C. 黄　　　　　D. 绿

答案：C（火电厂《安全设施标准》3.2）

【单选题】安全色中，（　　　）色表示安全的提示性信息。

A. 红　　　　　B. 蓝　　　　　C. 黄　　　　　D. 绿

答案：D（火电厂《安全设施标准》3.2）

【多选题】安全色包括（　　　）四种颜色。

A. 红　　　　　B. 蓝　　　　　C. 绿　　　　　D. 黄

答案：ABCD（火电厂《安全设施标准》3.2）

3.3

对比色　contrast colour

使安全色更加醒目的反衬色，包括黑、白两种颜色。

黑色用于安全标志的文字、图形符号和警告标志的几何边框；白色作为安全标志红、蓝、绿的背景色，也可用于安全标志的文字和图形符号。

安全色与对比色的相间条纹为等宽条纹，倾斜约 45°。红色与白色相间条纹表示禁止或提示消防设备、设施的安全标记；黄色与黑色相间条纹表示危险位置的安全标记；蓝色与白色相间条纹表示指令的安全标记，传递必须遵守规定的信息；绿色与白色相间条纹表示安全环境的安全标记。

安全色与对比色同时使用时，应按照表 1 搭配使用。

【单选题】对比色是使安全色更加醒目的反衬色，包括（　　　）两种颜色。

A. 黄、白　　　B. 红、白　　　C. 黑、白　　　D. 蓝、白

答案：C（火电厂《安全设施标准》3.3）

3.4

安全标志　safety sign

用以表达特定安全信息的标志，由图形符号、安全色、几何形状（边框）和文字构成。

【单选题】安全标志是指用以表达特定安全信息的标志，由图形符号、安全色、几何形状（边框）和（　　　）构成。

A. 说明　　　B. 图像　　　C. 文字　　　D. 拼音

答案：C（火电厂《安全设施标准》3.4）

【单选题】安全标志是指用以表达特定安全信息的标志，由（　　　）、安全色、几何形状（边框）和文字构成。

A. 图形符号　B. 图像　　　C. 说明　　　D. 英文

答案：A（火电厂《安全设施标准》3.4）

【多选题】安全标志用以表达特定安全信息的标志，由（　　　）和文字构成。

A. 图形符号　　　　　　　B. 安全色

C. 几何形状（边框）　　　D. 英文字母

答案：ABC（火电厂《安全设施标准》3.4）

3.5

禁止标志　prohibition sign

禁止人们不安全行为的图形标志。

【单选题】禁止标志是禁止人们（　　　）行为的图形标志。

A. 正常　　　B. 安全　　　C. 违法　　　D. 不安全

答案：D（火电厂《安全设施标准》3.5）

3.6

警告标志　warning sign

提醒人们对周围环境引起注意，以避免可能发生危险的图形标志。

【单选题】（　　　）标志是指提醒人们对周围环境引起注意，以避免可能发生危险的图形标志。

A. 警告　　　B. 禁止　　　C. 指令　　　D. 提示

答案：A（火电厂《安全设施标准》3.6）

3.7

指令标志　direction sign

强制人们必须做出某种动作或采用防范措施的图形标志。

【单选题】（   ）是指强制人们必须做出某种动作或采用防范措施的图形标志。

A. 警告标志   B. 禁止标志   C. 指令标志   D. 提示标志

答案：C（火电厂《安全设施标准》3.7）

3.8

提示标志   information sign

向人们提供某种信息（如标明安全设施或场所等）的图形标志。

【单选题】（   ）标志是指向人们提供某种信息（如标明安全设施或场所等）的图形标志。

A. 警告   B. 辅助   C. 指令   D. 提示

答案：D（火电厂《安全设施标准》3.8）

3.11

辅助标志   supplementary sign

附设在主标志下，起辅助说明作用的标志。

【单选题】（   ）标志是指附设在主标志下，起辅助说明作用的标志。

A. 警告   B. 辅助   C. 指令   D. 提示

答案：B（火电厂《安全设施标准》3.11）

3.12

组合标志   combination sign

在一个矩形载体上同时含有安全标志和辅助标志的标志。

【单选题】组合标志是指在一个（   ）载体上同时含有安全标志和辅助标志的标志。

A. 椭圆形   B. 圆形   C. 矩形   D. 三角形

答案：C（火电厂《安全设施标准》3.12）

3.13

多重标志   multiple sign

在一个矩形载体上含有两个及以上安全标志和（或）伴有辅

助标志的标志。

标志应按照安全信息重要性的顺序排列。

【单选题】多重标志应按照安全信息（　　　）的顺序排列。

A. 先后　　　　B. 重要性　　　C. 全面性　　　D. 片面性

答案：B（火电厂《安全设施标准》3.13）

3.15

安全警示线　safety warning line

界定危险区域、防止人身伤害及影响设备（设施）正常运行或使用的标识线。

【单选题】安全警示线是指界定（　　　）区域、防止人身伤害及影响设备正常运行或使用的标识线。

A. 安全　　　　B. 工作　　　　C. 休息　　　　D. 危险

答案：D（火电厂《安全设施标准》3.15）

3.16

安全防护设施　safety protection facility

防止外因引发的人身伤害、设备损坏而配置的防护装置和用具。

【单选题】安全防护设施是指防止（　　　）引发的人身伤害、设备损坏而配置的防护装置和用具。

A. 内因　　　　B. 外因　　　　C. 危险　　　　D. 他人

答案：B（火电厂《安全设施标准》3.16）

3.17

交通标志　road & water traffic sign

用图形符号、颜色和文字向交通参与者传递特定信息、用于管理交通的设施。

【单选题】交通标志是指用图形符号、颜色和文字向（　　　）传递特定信息、用于管理交通的设施。

A. 交通参与者　　　　　　　　B. 施工参与者

C. 交通设施　　　　　　　　　D. 以上都不对

答案：A（火电厂《安全设施标准》3.17）

3.18

消防安全标志　**fire safety sign**

用以表达与消防有关的安全信息，由安全色、边框、以图像为主要特征的图形符号或文字构成的标志。

【单选题】消防安全标志是指用以表达与（　　　）有关的安全信息，由安全色、边框、以图像为主要特征的图形符号或文字构成的标志。

A. 交通　　　B. 环境　　　C. 消防　　　D. 以上都不对

答案：C（火电厂《安全设施标准》3.18）

【多选题】消防安全标志是指用以表达与消防有关的安全信息，由（　　　）以图像为主要特征的图形符号或文字构成的标志。

A. 安全色　　　B. 边框　　　C. 警示标志　　D. 以上都不对

答案：AB（火电厂《安全设施标准》3.18）

4 总　　则

4.2　火电厂内生产活动所涉及的区域、场所、设备，以及其他有必要提醒人们注意危险有害因素的地点，应按标准配置安全设施。本部分标准中涉及企业 VI（视觉识别系统）部分参见《国家电网品牌标识推广应用手册》。

【多选题】火电厂内生产活动所涉及的（　　　），以及其他有必要提醒人们注意危险有害因素的地点，应按标准配置安全设施。

A. 人员　　　　B. 设备　　　　C. 区域　　　　D. 场所

答案：BCD（火电厂《安全设施标准》4.2）

4.3　安全设施设置要求

4.3.1　安全设施应清晰醒目、规范统一、安装可靠、易于观察、便于维护，适应使用环境要求。

【多选题】安全设施应（　　　），适应使用环境要求。

A. 清晰醒目　　　　　　　B. 便于维护

C. 规范统一　　　　　　　D. 安装可靠

答案：ABCD（火电厂《安全设施标准》4.3.1）

4.3.3　设备区与其他功能区之间，运行设备区与检修、改（扩）建施工区之间应装设区域隔离遮栏；不同电压等级设备区宜装设区域隔离遮栏。

【单选题】设备区与其他功能区之间，运行设备区与检修、改（扩）建施工区之间应装设（　　　）。

A. 临时防护围栏　　　　　B. 区域隔离遮栏

C. 临时提示围栏　　　　　D. 提示标志牌

答案：B（火电厂《安全设施标准》4.3.3）

【判断题】设备区与其他功能区之间，运行设备区与检修、改（扩）建施工区之间应装设区域隔离遮栏。

答案：正确（火电厂《安全设施标准》4.3.3）

4.3.4 标志牌不得设在可移动的部位上，以免标志牌随母体物体相应移动，影响认读。标志牌前不得放置妨碍认读的障碍物。

【单选题】标志牌不得设在（　　　）的部位上，以免标志牌随母体物体相应移动，影响认读。

A. 可移动　　B. 固定　　　C. 坚固　　　D. 以上均不对

答案：A（火电厂《安全设施标准》4.3.4）

【判断题】标志牌前不得放置妨碍认读的障碍物。

答案：正确（火电厂《安全设施标准》4.3.4）

4.3.5 安全设施设置后，不应构成对人身、设备安全的潜在风险或妨碍正常工作。

【判断题】安全设施设置后，不应构成对人身、设备安全的潜在风险或妨碍正常工作。

答案：正确（火电厂《安全设施标准》4.3.5）

4.4 安全设施安装制作要求

4.4.1 安全标志、设备、构（建）筑物标志应采用标志牌安装。加热器、储气罐等大型设备可直接将设备名称喷涂在设备本体醒目位置，颜色使用黑色或白色。

【判断题】大型设备可直接将设备名称喷涂在设备本体醒目位置，颜色宜采使用黑色或白色。

答案：正确（火电厂《安全设施标准》4.4.1）

4.4.2 同类设备、构（建）筑物的标志牌规格、尺寸、设置高度和安装位置应统一。

【多选题】同类设备、构（建）筑物的标志牌的（　　　）应统一。

A. 规格　　　　　　　　　B. 尺寸

C. 安装位置　　　　　　　D. 设置高度

答案：ABCD（火电厂《安全设施标准》4.4.2）

4.4.3 标志牌应采用坚固耐用的材料制作，不应使用遇水变形、变质或易燃的材料。有触电危险或易造成短路的设备及作业场所悬挂的标志牌应使用绝缘材料制作。电气系统设备上使用的移动悬挂式标志牌，其悬挂材料应使用绝缘材料。

【单选题】有触电危险或易造成短路的设备及作业场所悬挂的标志牌应使用（　　）材料制作。

A. 导电　　　　B. 坚固　　　　C. 防水　　　　D. 绝缘

答案：D（火电厂《安全设施标准》4.4.3）

【多选题】标志牌应采用坚固耐用的材料制作，不应使用遇水（　　）的材料。

A. 变形　　　　B. 变质　　　　C. 易爆　　　　D. 易燃

答案：ABD（火电厂《安全设施标准》4.4.3）

4.4.5　涂刷类标志材料应选用耐用、不褪色的涂料或油漆。各类标线宜采用道路专用线漆涂刷，条件允许时，可采用彩色防滑瓷砖。

【单选题】涂刷类标志材料应选用（　　）、不褪色的涂料或油漆。

A. 鲜艳　　　　B. 灰暗　　　　C. 耐用　　　　D. 不耐用

答案：C（火电厂《安全设施标准》4.4.5）

4.4.6　红布幔应采用纯棉布制作。

【单选题】红布幔应采用（　　）制作。

A. 纯棉布　　　　　　　　B. 尼龙布

C. 塑料布　　　　　　　　D. 以上都不对

答案：A（火电厂《安全设施标准》4.4.6）

4.4.8　设备、构（建）筑物上的标志牌宜使用螺丝、铆钉固定在设备或专用支架上；电缆标志牌宜使用固定方式或专门绑扎材料悬挂在相应位置；阀门标志牌宜使用支架固定在阀门本体上；开关柜、控制柜等设备的标志牌宜采用粘接方式固定在柜体相应位置。禁止使用铁丝绑扎方式固定任何标志牌。

【判断题】可以使用铁丝绑扎方式悬挂固定标志牌。

答案：错误（火电厂《安全设施标准》4.4.8）

【判断题】禁止使用铁丝绑扎方式悬挂固定标志牌。

答案：正确（火电厂《安全设施标准》4.4.8）

【单选题】阀门标志牌宜使用支架固定在阀门本体上；开关柜、控制柜等设备的标志牌宜采用（   ）方式固定在柜体相应位置。

　　A. 绑扎　　　B. 悬挂　　　C. 粘接　　　D. 支架

　　答案：C（火电厂《安全设施标准》4.4.8）

5 安 全 标 志

5.1 一 般 规 定

5.1.1 火电厂设置的安全标志包括禁止标志、警告标志、指令标志、提示标志四种基本类型和交通标志、消防、应急安全标志等特定类型。

【多选题】火电厂设置的安全标志包括（　　）四种基本类型。

A. 禁止标志　　　　　　　B. 警告标志

C. 指令标志　　　　　　　D. 提示标志

答案：ABCD（火电厂《安全设施标准》5.1.1）

5.1.2 安全标志一般使用通用图形标志和文字辅助标志的组合标志。

【单选题】安全标志一般使用通用图形标志和（　　）的组合标志。

A. 文字辅助标志　　　　　B. 说明标志

C. 局部信息标志　　　　　D. 环境信息标志

答案：A（火电厂《安全设施标准》5.1.2）

5.1.3 安全标志一般采用标志牌的形式，要求符合 GB 2894 的规定。安全标志牌应有衬边，以使安全标志与周围环境之间形成较为强烈的对比。

【判断题】安全标志牌应有衬边，以使安全标志与周围环境之间形成较为强烈的对比。

答案：正确（火电厂《安全设施标准》5.1.3）

5.1.6 多个安全标志在一起配置使用时，应按照警告、禁止、指令、提示类型的顺序，先左后右、先上后下地排列，且应避免出现相互矛盾、重复的现象。也可以根据实际，使用多重标志。

【单选题】多个安全标志在一起配置使用时，应按照（   ）类型的顺序，先左后右、先上后下地排列，并应避免出现相互矛盾、重复的现象。

A. 禁止、警告、指令、提示

B. 警告、禁止、指令、提示

C. 警告、禁止、提示、指令

D. 指令、提示、警告、禁止

答案：B（火电厂《安全设施标准》5.1.6）

5.1.7 安全标志牌的固定方式可采用附着式、悬挂式和柱式三类。附着式和悬挂式的固定应稳固不倾斜，柱式的标志牌和支架应联接牢固。临时标志牌应采取防止脱落、移位措施。室外悬挂的临时标志牌应防止被风吹翻，宜做成双面的标志牌。

【多选题】安全标志牌的固定方式可采用（   ）。

A. 绑扎式   B. 附着式

C. 悬挂式   D. 柱式

答案：BCD（火电厂《安全设施标准》5.1.7）

【判断题】安全标志牌的固定方式可采用附着式、悬挂式和柱式三类。

答案：正确（火电厂《安全设施标准》5.1.7）

5.1.10 安全标志牌应定期检查，如发现破损、变形、褪色等不符合要求时，应及时修整或更换。修整或更换时，应有临时的标志替换。

【判断题】安全标志牌修整或更换时，应有临时的标志替换。

答案：正确（火电厂《安全设施标准》5.1.10）

5.1.12 产生粉尘作业场所的醒目位置，应设置"注意防尘"、"必须戴防尘口罩"安全标志牌，宜设置"粉尘作业岗位职业病危害告知牌"；可能产生职业性灼伤和腐蚀作业场所的醒目位置，应设置"当心腐蚀"、"必须戴防护手套"和"必须穿防护鞋"安全标志牌；产生噪声作业场所的醒目位置，应设置"噪声有害"、"必须戴护耳器"安全标志牌，宜设置"噪声作业岗位职业病危害告知牌"；高温作业场所的醒目位置，应设置"注意高温"、"当心烫伤"警告标志牌；存在放射性同位素和使用放射性装置作业场所的醒目位置，应设置"当心电离辐射"警告标志牌。使用有毒物品作业场所的醒目位置，应设置"当心中毒"警告标志牌，宜设置"有毒物品作业岗位职业病危害告知牌"。重大危险源醒目位置宜设置"重大危险源"标志。

【单选题】主控室、继电保护室、通信室入口处醒目位置应设置（　　）禁止标志牌。

A."止步　危险"　　　　　　B."止步　高压危险"

C."禁止烟火"　　　　　　　D."禁止通行"

答案：C（火电厂《安全设施标准》5.1.12）

【多选题】产生粉尘作业场所的醒目位置，应设置（　　　）安全标志牌。

A."注意防尘"　　　　　　　B."注意安全"

C."必须戴防尘口罩"　　　　D."当心坠落"

答案：AC（火电厂《安全设施标准》5.1.12）

5.1.13 生产现场存在典型危险点的部位应设置危险点警示牌。

【单选题】生产现场存在典型危险点的部位应设置（　　　）警示牌。

A. 环境危险　　　　　　　　B. 危险区域

C. 危险点　　　　　　　　　D. 人身伤害

答案：C（火电厂《安全设施标准》5.1.13）

【判断题】生产现场存在典型危险点的部位应设置危险点警示牌。

答案：正确（火电厂《安全设施标准》5.1.13）

5.2　禁止标志及设置规范

5.2.3 常用禁止标志及设置规范，见表2。

表 2   常用禁止标志及设置规范

序号	图形标志示例	名称	设置范围和地点	备注
2-17		禁止合闸 有人工作	一经合闸即可送电到施工设备的断路器（开关）和隔离开关（刀闸）操作把手上等处	
2-19		禁止分闸	接地刀闸与检修设备之间的断路器（开关）操作把手上，以及其他禁止关断电源的地点	

【单选题】一经合闸即可送电到施工设备的断路器（开关）和隔离开关（刀闸）操作把手上等处应悬挂（　　　）标志牌。

A. 　　B. 　　C. 　　D.

答案：A（火电厂《安全设施标准》5.2.3）

【单选题】接地刀闸与检修设备之间的断路器（开关）操作把手上，以及其他禁止关断电源的地点应悬挂（　　　）标示牌。

A. 　　B. 　　C. 　　D.

答案：C（火电厂《安全设施标准》5.2.3）

5.3　警告标志及设置规范

5.3.3　常用警告标志及设置规范，见表 3。

256

表 3 常用警告标志及设置规范

序号	图形标志示例	名称	设置范围和地点	备注
3-3	止步 高压危险	止步 高压危险	带电设备固定围栏上、室外带电设备构架上、高压试验地点安全围栏上、因高压危险禁止通行的过道上、工作地点临近带电设备的安全围栏上、工作地点临近带电设备的横梁上等处	
3-12	当心落物	当心落物	易发生落物危险的地点，如高处作业、立体交叉作业的下方等处	

【单选题】带电设备固定围栏上、室外带电设备构架上、高压试验地点安全围栏上、因高压危险禁止通行的过道上、工作地点临近带电设备的安全围栏上、工作地点临近带电设备的横梁上等处应设置（　　）标志牌。

A. 当心触电　　B. 止步 高压危险　　C. 止步危险　　D. 当心坑洞

答案：B（火电厂《安全设施标准》5.3.3）

【单选题】易发生落物危险的地点，如高处作业、立体交叉作业的下方等处应设置（　　）标志牌。

A. 当心塌方　　B. 当心坑洞　　C. 当心落物　　D. 当心吊物

答案：C（火电厂《安全设施标准》5.3.3）

5.4　指令标志及设置规范

5.4.3　常用指令标志及设置规范，见表 4。

表 4　　　　　　　　常用指令标志及设置规范

序号	图形标志示例	名称	设置范围和地点	备注
4-3	 必须戴防护眼镜	必须戴防护眼镜	对眼睛有伤害的作业场所，如机械加工等处	

【单选题】对眼睛有伤害的作业场所，如机械加工等处应设置
(　　) 标志牌。

A. 必须戴防护眼镜　　B. 必须配戴遮光护目镜　　C. 必须戴护耳器　　D. 必须穿防护服

答案：A（火电厂《安全设施标准》5.3.3）

6 设备、构（建）筑物标志

6.1 一 般 规 定

6.1.2 设备命名应为双重名称，由设备名称和设备编号组成，企业可根据需要在设备标志中增加设备编码。

【单选题】设备命名应为（   ），由设备名称和设备编号组成。

A. 单重名称   B. 双重名称

C. 设备铭牌   D. 以上都不对

答案：B（火电厂《安全设施标准》6.1.2）

【多选题】设备命名应为双重名称，由（   ）组成。

A. 设备名称   B. 设备标志

C. 设备编号   D. 设备铭牌

答案：AC（火电厂《安全设施标准》6.1.2）

6.1.3 设备、构（建）筑物名称应定义清晰，并具有唯一性。

【单选题】设备、构(建)筑物名称应定义清晰，并具有（   ）。

A. 唯一性   B. 相似性

C. 相同性   D. 以上都不对

答案：A（火电厂《安全设施标准》6.1.3）

6.1.4 功能、用途完全相同的设备、构（建）筑物，其名称应统一。

【单选题】功能、用途完全相同的设备、构（建）筑物，其名称应（   ）。

A. 统一   B. 相同   C. 不同   D. 相反

答案：A（火电厂《安全设施标准》6.1.4）

6.1.5 设备、构（建）筑物标志牌基本形式为矩形，衬底为白色，边框、编号文字为红色（接地设备标志牌的边框、文字为黑色），采用反光黑体字。

【判断题】接地设备的标志牌的基本形式为矩形，衬底为白色，边框、编号文字为黑色。

答案：正确（火电厂《安全设施标准》6.1.5）

【判断题】设备、构（建）筑物标志牌基本形式为矩形，衬底为白色，边框、编号文字为红色。

答案：正确（火电厂《安全设施标准》6.1.5）

6.1.6 设备、构（建）筑物名称中的序号用阿拉伯数字加汉字"号"或大写英文字母表示，名称用汉字表示，如"2 号机 2 号空气冷却器"。

【单选题】下列哪个设备的设备命名是正确的？（　　　）

A. 2#机 2#空气冷却器　　　B. 2 号机 2 号空气冷却器

C. 2#机 2 号空气冷却器　　　D. 2 号机 2#空气冷却器

答案：B（火电厂《安全设施标准》6.1.6）

6.4 电气设备标志及设置规范

6.4.1 调度管辖的电气设备标志文字内容应与调度机构下达的编号相符，其他电气设备的标志内容可参照调度编号及设计名称。一次设备为分相设备时应逐相标注，直流设备应逐极标注。

【单选题】电气一次设备为分相设备时应（　　　）标注，直流设备应逐极标注。

A. 不用　　　B. 一起　　　C. 同样　　　D. 逐相

答案：D（火电厂《安全设施标准》6.4.1）

6.4.2 两台及以上集中排列安装的电气、控制盘（柜）应根据每台盘（柜）的不同用途，采用编号加以区别，分别设置设备标志牌。两台及以上集中排列安装的前后开门电气、控制盘（柜），前、后均应设置设备标志牌，且同一盘柜前、后设备标志牌应一致。

【单选题】两台及以上集中排列安装的前后开门电气、控制盘（柜），前、后均应设置（   ），且同一盘柜前、后设备标志牌应一致。

A. 设备标志牌　　　　　　B. 安全标志牌

C. 安全围栏　　　　　　　D. 安全通道

答案：A（火电厂《安全设施标准》6.4.2）

6.4.4 动力、控制电缆两端应悬挂标明电缆编号名称、起点、终点、型号的标志牌，动力电缆还应标注电压等级、长度。

【单选题】动力、控制电缆两端应悬挂标明电缆编号名称、起点、终点、型号的标志牌，动力电缆还应标注（   ）。

A. 电流大小、长度　　　　B. 电压等级、长度

C. 颜色、长度　　　　　　D. 电缆直径、长度

答案：B（火电厂《安全设施标准》6.4.4）

6.4.5 电气设备标志及设置规范，见表12。

表12　　　　　　　　　　电气设备标志及设置规范

序号	图形示例	名称	设置规范	备注
12-5		相位标志	（1）涂刷相色或张贴相标； （2）装设在设备本体或附近醒目位置； （3）如线路、机组出口封闭母线、变压器输入输出侧电缆、交流配电盘母线等	
12-11	100mm	明敷接地体	设备的接地装置（外露部分）应涂宽度相等的黄绿相间条纹，间距以 100mm～150mm 为宜，单个电气设备的接地体条纹间距可适当缩小	

【单选题】B相电气设备的相位标志颜色为（   ）。

A. 红色　　　B. 黄色　　　C. 绿色　　　D. 紫色

答案：C（火电厂《安全设施标准》6.4.5）

【单选题】设备的接地装置（外露部分）应涂宽度相等的

（　　）条纹。

A. 黄绿相间　B. 红黄相间　C. 黑白相间　D. 黄黑相间

答案：A（火电厂《安全设施标准》6.4.5）

6.6　管道标志及设置规范

6.6.2　管道上应标注介质名称及介质流向箭头。

【单选题】管道上应标注（　　）及介质流向箭头。

A. 介质温度　B. 设备名称　C. 介质名称　D. 介质颜色

答案：C（火电厂《安全设施标准》6.6.2）

【单选题】管道上应标注介质名称及（　　）箭头。

A. 介质流向　B. 设备名称　C. 介质温度　D. 介质颜色

答案：A（火电厂《安全设施标准》6.6.2）

6.6.3　常用管道标志及设置规范，见表14。

表14　　　　　　　　　　管道标志及设置规范

序号	图形示例	名称	设置规范	备注
14-1		管道标志	（1）标明管道名称、介质流向、介质色标；当介质流向有两种可能时，应标出两个方向的流向箭头； （2）管道标志可采用色环或整根管道着色，名称和流向箭头可用黑色或白色；不锈钢管及难以整根管道着色的管道采用色环，其他可整根涂刷油漆的管道采用整根管道着色； （3）管道标志间隔不大于10m； （4）在管道走向变化较大、穿墙处及管道密集、难以辨别的部位必须设置管道标志； （5）管道上直接涂刷介质名称及介质流向箭头不易识别时（外径小于76mm），可在需要识别的部位挂设标志牌	

【多选题】以下哪些部位的管道必须设置管道标志？（   ）

A. 在管道走向变化较大　　B. 穿墙处

C. 管道密集的部位　　　　D. 难以辨别的部位

答案：ABCD（火电厂《安全设施标准》6.6.3）

【判断题】电厂内所有的管道必须采用整根管道着色的方法设置管路标识。

答案：错误（火电厂《安全设施标准》6.6.3）

6.9　构（建）筑物标志及设置规范

6.9.1　各构（建）筑物、设备间及其他功能室入口处醒目位置均应设置构（建）筑物标志牌，标明其功能。

【单选题】各构（建）筑物、设备间及其他功能室入口处醒目位置均应设置（   ）标志牌，标明其功能。

A. 交通安全　　　　　　　B. 设备标志

C. 构（建）筑物　　　　　D. 安全警示线

答案：C（火电厂《安全设施标准》6.9.1）

第三部分

事故案例分析

案例 1　高压清扫作业失去监护，误登带电架构造成触电

2010 年 5 月 13 日，某电厂机组停机检修，进行 110kV 升压站电流互感器、避雷器及六氟化硫断路器绝缘子清扫工作。检修班长张××办理工作票后，带领李××到现场开展清扫工作。清扫工作结束后，张××去办理工作票终结手续，安排李××清扫现场并对 110kV 升压站设备进行全面检查，李××检查时发现 110kV 线路 101–5 隔离开关电源侧触头有灼伤点，便架梯登上开关支架对 101–5 隔离开关触头进行处理。当李××登上开关支架时，因与 101–5 隔离开关线路侧触头保持安全距离不够被电弧严重烧伤（线路未停电）。后送医院抢救无效死亡。

试分析该起事件中违反变电《安规》的行为。

答案：

（1）李××架梯登上开关支架处理 101–5 隔离开关触头灼伤点。违反变电《安规》5.4.2"在高压设备上工作，应至少两人进行，并完成保证安全的组织措施和技术措施"的规定。

（2）清扫工作结束后，张××去办理工作票终结手续，安排李××清扫现场并对 110kV 升压站设备进行检查。违反变电《安规》6.5.1"工作负责人、专责监护人应始终在工作现场，对工作办人员的安全认真监护，及时纠正不安全的行为"的规定。同时，也违反变电《安规》6.6.5"全部工作完毕后，工作班应清扫、整理现场。工作负责人应先周密地检查，待全体工作人员撤离工作地点后，再向运行人员交待所修项目、发现的问题、试验结果和存在问题等，并与运行人员共同检查设备状况、状态，有无遗留物件，是否清洁等，然后在工作票上填明工作结束时间。经双方签名后，表示工作终结"的规定。

案例 2　个人防护用品佩戴不到位，违章登高触电坠落

2014 年 3 月 11 日，某电厂进行 110kV 升压站 TA 电气预防

性试验时，试验员张×在未佩戴安全带且安全帽未系下颚带的情况下，登上 TA 底座（高度约 2.0m）拆除试验线，因设备未进行放电且试验员张×未戴绝缘手套，触电坠落，倒地过程中安全帽甩出，后脑着地造成颅内严重出血。

试分析该起事件中违反变电《安规》的行为。

答案：

（1）张×未佩戴安全带和安全帽帽带未紧固登上被预试的电气设备。违反变电《安规》4.3.4"进入作业现场应正确佩戴安全帽，现场作业人员应穿全面长袖工作服、绝缘鞋"的规定。同时，还违反变电《安规》18.1.5"在没有脚手架或者在没有栏杆的脚手架上工作，高度超过 1.5m 时，应使用安全带，或采取其他可靠的安全措施"的规定。

（2）张×登上预防性试验的电气设备拆除引线，因设备未进行放电，且未戴绝缘手套导致触电。违反变电《安规》14.1.7"变更接线或试验结束时，应首先断开试验电源、放电，并将升压设备的高压部分放电、短路接地"的规定。同时，还违反变电《安规》6.3.11.5c)"正确使用施工器具、安全工具和劳动防护用品"的规定。

案例 3　检查瓦斯继电器，攀爬主变压器触电身亡

2015 年 6 月 8 日，某电厂 110kV 主变压器轻瓦斯信号持续报警。值长李××下令安排电气值班员刘×到现场就地查看变压器本体及瓦斯继电器运行情况，刘×在未得到值长许可的情况下，工作经验欠缺，私自爬上变压器本体，安全距离不够，造成变压器高压侧 C 相对人体放电，经医院抢救无效死亡。

试分析该起事件中违反变电《安规》的行为。

答案：

（1）刘×在未得到值长许可的情况下，工作经验欠缺，私自爬上变压器本体。违反变电《安规》5.2.1"经本单位批准允许单独巡视高压设备的人员巡视高压设备时，不准进行其他工作，不

准移开或越过遮栏"的规定。

（2）安全距离不够，造成变压器 C 相对人体放电。违反变电《安规》5.1.4"无论高压设备是否带电，工作人员不得单独移开或越过遮栏进行工作；若有必要移开遮栏时，应有监护人在场，并符合安全距离要求（110kV 电压等级对应的安全距离为 1.5m）"的规定。

案例 4　拆线不停电，人员会触电

2015 年 6 月 3 日，某电厂检修班职工李××带领叶××检修 380V 直流电焊机。电焊机修后进行通电试验良好，李××将电焊机本体上的开关断开并安排叶××拆除电焊机电源开关下口接线，叶××拆完 A 相后，拆除 B 项时意外触电，且漏电保护器未动作，叶××触电后经医院抢救无效死亡。

试分析该起事件中违反变电《安规》的行为。

答案：

（1）在拆除电焊机电源开关下口接线时，未检查确认电焊机电源是否已断电。违反变电《安规》12.2"将检修设备的各方面电源断开取下熔断器，在开关或刀闸操作把手上挂"'禁止合闸，有人工作！'的标示牌"、"工作前应验电"、"根据需要采取其他安全措施"的规定。

（2）人员触电后漏电保护器未动作。违反变电《安规》16.3.5"检修动力电源箱的支路开关都应加装剩余电流动作保护器（漏电保护器）并应定期检查和试验"的规定。

案例 5　人员触电不急救，违章救火又触电

2017 年 7 月 16 日，电气检修班长李××（死者）带领检修工刘××对励磁变压器进行例行检查，李××用手持红外测温仪进行测温，刘××做记录。李××打开柜门（低压侧 C 相），右手持测温仪，左手扶柜门，将半身探入柜内，在完成两个点温度测量后，右手触碰到励磁变压器测温线的航空插头，触电倒地。刘××立即将李××拖到励磁小室门口，并用对讲机呼喊"励磁变有人触电"。与此同时，发现励磁变压器温控器二次线有火苗，随将脚迈进励磁变压器柜内扑打火苗，触电倒在励磁变压器柜门外。此次事故造成1人死亡，1人轻伤。

试分析该起事件中违反变电《安规》的行为。

答案：

（1）李××打开励磁变压器柜门进行测温工作。违反了变电《安规》5.1.4"无论高压设备是否带电，工作人员不得单独移开或越过遮栏进行工作；若有必要移开遮栏时，应有监护人在场，并符合安全距离要求"的规定。

（2）刘××将脚进励磁变压器柜内扑打火苗。违反了变电《安规》16.3.3"遇有电气设备着火时，应立即将有关设备的电源切断，然后进行救火"的规定。

案例6 拆除二次保护器，TA开路人坠亡

2015年10月15日，某电厂机组安装完毕，进入整体试运行。机组并网后，电气值班员王××监盘时发现110kV出线B相电流为0，且不随负荷变化。王××立即汇报当值值长郡××、电气专工刘××、调试单位电气专业负责人魏××。魏××和刘××到现场检查后，未发现故障原因，遂咨询设备厂家。设备厂家答复110kV电流互感器根部接线端子箱内安装了TA开路（过电压）保护器。因运输振动等原因，TA开路保护器故障率较高，如确认TA二次回路未发现问题，可将TA开路保护器拆除。

在调试单位、业主单位电气专业协商后，开具电气二种工作票，现场检查TA二次回路无问题，进行TA开路保护器拆除工作。魏××使用铝合金梯子登高进行拆除工作，当魏××剪断B相TA开路保护器引线时，B相TA端子箱冒出浓烟，并瞬间高压放电，将魏××从梯子上击落，经医院抢救无效死亡。

试分析该起事件中违反变电《安规》的行为。

答案：

（1）在 110kV 升压站内使用金属梯子登高进作业。违反变电《安规》16.1.10 "在变、配电站（开关站）的带电区域内或临近带电线路处，禁止使用金属梯子"的规定。

（2）魏××登高拆除 TA 开路保护器。违反变电《安规》13.3 "在运行设备的二次回路上进行拆、接线工作应填用二次工作安全措施票"的规定和 13.4 "二次工作安全措施票执行'至少有两人进行'"的规定。

（3）魏××在剪断 B 相 TA 开路保护器引线时，造成 B 相 TA 开路。违反变电《安规》13.13 "禁止将电流互感器二次侧开路"的规定。

案例7　网门未加机械锁，失去闭锁人误入

2016 年 4 月 27 日，某电厂 1 号机组停运后，汽轮机盘车运行中，电气专工刘××安排电气检修人员张××更换发电机出线小间粘鼠板。张××到运行借用钥匙后，打开 1 号发电机出线小间房门，开始更换粘鼠板。过程中，发现出线小间网门内两个粘鼠板也脏污，顺手打开网门进入更换网门内粘鼠板。更换完粘鼠板后，张××发现发电机出线母排上有一个大蛛网，顺手将其抹除，不慎右手碰触发电机出线母排，触电倒地。

试分析该起事件中违反变电《安规》的行为。

答案：

（1）检修人员张××擅自扩大工作范围，未开具工作票进入带电间隔。违反了变电《安规》6.3.2 a）"高压设备上工作需要全部停电或部分停电者"应填用第一种工作票的规定。

（2）1 号发电机出线小间网门未加装机械挂锁，发电机停运后，网门闭锁失去作用，检修人员张××得以打开网门，碰触因盘车运行仍带电的发电机出线母排。违反了变电《安规》5.3.5.5

b）"当电气设备处于冷备用时，网门闭锁失去作用时的有电间隔网门"应加挂机械锁的规定。

案例8 钥匙管理混乱，安全无人把关

2016年8月14日，某发电厂停机检修，由于检修人员不足，电厂将日常保洁人员临时安排到各班组参加检修工作。13日，收工会上电气检修班长王××安排电气检修工李××担任工作负责人，带领保洁工张××次日清扫辅助车间变压器及其变压器室卫生，并将签发好的工作票交于李××送到集控室。14日8点30分，开工会后李××从检修班墙上摘下辅助车间变压器室钥匙交给张××说："你拿上拖把去变压器室门口等我，我去办工作票"，李××随机就去了集控室。张××拿着钥匙和拖把就去了辅助车间变压器室。李××到集控室询问值长，"辅助车间变压器清扫工作票可否办理开工"，值长回答："夜班太忙了，辅助车间变压器还未停电，你先等等"。李××就在集控室等待电气运行人员停电，做安全措施。张××看李××迟迟未来，便打开辅助车间变压器室房门，进入配电室用拖把拖地，拖地过程中不小心触及变压器引线触电。此时，电气运行人员到现场做安措，发现张××触电立即将其脱离电源，并进行施救。后张××经抢救无效死亡。

试分析该起事件中违反变电《安规》的行为。

答案：

（1）电气检修班长安排保洁工张××参加变压器清扫工作。违反了变电《安规》6.3.11.1c）"确认所派工作负责人和工作班人员是否适当和充足"的规定。

（2）保洁工张××私自打开变压器室房门进行卫生清扫工作。违反了变电《安规》4.4.3"新参加电气工作的人员、实习人员和临时参加劳动的人员，应经过安全知识教育后，方可到现场参加指定的工作，并不得单独工作"的规定。

（3）变压器钥匙存放在检修班。违反了变电《安规》5.2.6"高

272

压室的钥匙至少应有 3 把，由运维人员负责保管，按值移交。1 把专供紧急情况下使用，1 把专供运维人员使用，其他可以借给经批准的巡视高压设备人员和经批准的检修、施工队伍的工作负责人使用，但应登记签名，巡视或工作结束后交回"的规定。

案例 9　无人监护人违章，失去防护头触电

2016 年 5 月 18 日 22 时 05 分，某发电厂 1 号发电机组正常运行，电气运行人员李××巡视过程中发现辅助变压器（干式变压器）温度高报警，汇报值长联系检修人员现场处理，电气检修夜班值班人员李××到辅助低压配电室进行检查，李××检查发现辅助变压器冷却风机烧毁，汇报电气专工张××后进行更换冷却风机作业。因发电厂配发的安全帽有近电报警功能，李××在进行更换冷却风机作业过程中摘掉安全帽。更换完毕后，李××站起时幅度过大，头部碰触辅助变压器低压侧母排，触电身亡。

试分析该起事件中违反变电《安规》的行为。

答案：

（1）作业人员没有按照要求办理工作票。违反了变电《安规》6.3.1"在电气设备上的工作，应填用工作票或事故紧急抢修单"的规定。

（2）无人监护状态下开展检修工作。违反了变电《安规》5.1.4"无论高压设备是否带电，工作人员不得单独移开或越过遮栏进行工作；若有必要移开遮栏时，应有监护人在场，并符合安全距离要求（10kV 及以下电压等级对应的安全距离为 0.7m）"的规定。

案例 10　工作票执行不到位，失去监护人触电

2017 年 01 月 25 日，某发电厂进行锅炉烟气尾部湿法脱硫改造，需对引风机进行增容改造。电气专工张××安排电气检修工李××办理电气一种工作票，进行引风机变频器清扫和电气开关

改造厂家技术人员王×进行引风机电源开关断路器尺寸复核工作（引风机变频器和引风机电源开关在同一配电室）。电气运行人员将断路器手车拖出仓外，方便王×测量尺寸，李××交待王×高压母线带电，不要动开关仓内设备，然后去安排检修人员开展引风机变频器清扫工作。王×对引风机电源开关断路器尺寸复核完成后，擅自压下开关仓内隔离挡板，测量静插件盒尺寸，误碰带电的上插座，触电身亡。

试分析该起事件中违反变电《安规》的行为。

答案：

（1）两个不同单位开展工作，未办理分工作票，造成引风机电源开关断路器尺寸测量工作脱离监护。违反了变电《安规》6.3.7.7"第一种工作票所列工作地点超过两个，或有两个及以上不同的工作单位（班组）在一起工作时，可采用总工作票和分工作票。"的规定。

（2）工作负责人离开工作现场，未指定专责监护进行监护，使王×的工作失去有效监督。违反了变电《安规》6.5.4"工作期间，工作负责人若因故暂时离开工作现场时，应指定能胜任的人员临时代替，离开前应将工作现场交待清楚，并告知工作班成员"的规定。

第四部分

工作票纠错习题

样例1　引风机高压变频器清扫检查

试题素材

（1）工作任务：引风机高压变频器清扫检查。

（2）现场设备情况：机组检修期间，引风机高压变频器清扫检查。

（3）工作单位：生产部　检修班组。

（4）工作班组及人员：张某、高某，共2人。

（5）工作负责人：薄某。

（6）工作票许可人：陈某。

（7）工作票签发人：邵某。

（8）计划工作时间：2017年10月01日09:00～2017年10月01日16:00。

（9）不考虑总、分工作票和其他相关的检修任务。

发电厂电气第一种工作票

单位（车间）：××××发电有限公司　　　　编号：DQ201710005

1. 工作负责人（监护人）：　薄某　　　　班组：　检修班组

2. 工作班人员（不包括工作负责人）：

薄某、张某　　　　　　　　　　　　　　　　　共　2　人。

3. 工作的变、配电站名称及设备双重名称：

引风机高压变频器

4. 工作任务：

工作地点及设备双重名称	工作内容
高压变频器室引风机高压变频器	清扫检查

5. 计划工作时间：

自 2017 年 10 月 01 日 09 时 00 分至 2017 年 10 月 01 日 16 时 00 分

6. 安全措施（必要时可附页绘图说明）：

	应拉断路器（开关）、隔离开关（刀闸）	已执行*
1	断开引风机 660 开关，并将 660 开关小车摇至"试验"位置，并在 660 开关柜柜门上悬挂"禁止合闸 有人工作"标示牌。	√
2	取下 660 开关小车二次插头。	√
3	断开引风机高压变频器旁路柜 K1 真空接触器。	√
4	断开引风机高压变频器旁路柜 K2 真空接触器。	√
5	断开引风机高压变频器旁路柜 K3 真空接触器。	√
6	拉开引风机高压变频器旁路柜 QS1 隔离刀闸，并在 QS1 隔离刀闸操作把手上悬挂"禁止合闸 有人工作"标示牌。	√
7	拉开引风机高压变频器旁路柜 QS2 隔离刀闸，并在 QS2 隔离刀闸操作把手上悬挂"禁止合闸 有人工作"标示牌。	√
8	断开引风机高压变频控制柜内工作电源开关。	√
9	断开引风机高压变频控制柜内备用电源开关。并在控制柜柜门上悬挂"禁止合闸 有人工作"标示牌。	√
10	拉开引风机无功补偿柜 6601 隔离刀闸，并在 6601 隔离刀闸操作把手上悬挂"禁止合闸 有人工作"标示牌。	√
11	断开引风机无功补偿控制柜内控制电源小开关，并在控制柜操作面板上悬挂"禁止合闸 有人工作"标示牌。	√
	ϟ	

	应装接地线、应合接地刀闸（注明确实地点、名称及接地线编号*）	已执行
1	合上引风机高压开关柜 660-1 接地刀闸，并在 660-1 接地刀闸操作把手上悬挂"禁止合闸 有人工作"标示牌。	√
	ϟ	

	应设遮栏、应挂标示牌及防止二次回路误碰等措施	已执行
	无	
	ϟ	

*已执行栏目及接地线编号由工作许可人填写。

工作地点保留带电部分或注意事项 （由工作票签发人填写）	补充工作地点保留带电部分和安全措施 （由工作许可人填写）
无	无补充
⚡	⚡

工作票签发人签名：<u>邵某</u>　签发日期：<u>2017</u>年<u>09</u>月<u>30</u>日<u>10</u>时<u>00</u>分

7. 收到工作票时间：<u>2017</u>年<u>09</u>月<u>30</u>日<u>11</u>时<u>00</u>分

运行值班人员签名：<u>杨某</u>　工作负责人签名：<u>薄某</u>

8. 工作许可：确认本工作票1～7项。

工作负责人签名：<u>薄某</u>　工作许可人签名：<u>杨某</u>

许可开始工作时间：<u>2017</u>年<u>10</u>月<u>01</u>日<u>10</u>时<u>00</u>分

存在错误：

（1）第8项"工作许可人签名"不在工作票许可范围内的人员不得代替工作票许可人进行许可工作票。

（2）第3项"工作的变、配电站名称及设备双重名称"未填写工作的变、配电站名称。

（3）第2项"工作班人员"成员中将工作负责人错误，工作班成员高某未填写。

样例2　6kV配电室机炉工作变压器清扫

试题素材

（1）工作任务：6kV配电室机炉工作变压器清扫。

（2）现场设备情况：机组检修期间，6kV配电室机炉工作变压器清扫。

（3）工作单位：生产部　检修班组。

（4）工作班组及人员：张某、李某，共2人。

（5）工作负责人：高某。

（6）工作票许可人：杨某。

（7）工作票签发人：王某。

（8）计划工作时间：2017 年 10 月 01 日 09:00～2017 年 10 月 01 日 16:00。

（9）不考虑总、分工作票和其他相关的检修任务。

发电厂电气第一种工作票

单位（车间）：××××发电有限公司　　　编号：DQ201710004

1. 工作负责人（监护人）：　高某　　　　班组：　检修班组

2. 工作班人员（不包括工作负责人）：

张某、李某　　　　　　　　　　　　　　　　　　　共　2　人。

3. 工作的变、配电站名称及设备双重名称：

6kV 配电室机炉工作变压器

4. 工作任务：

工作地点及设备双重名称	工作内容
6kV 配电室机炉工作变压器	清扫

5. 计划工作时间：

自 2017 年 10 月 01 日 09 时 00 分至 2017 年 10 月 01 日 16 时 00 分

6. 安全措施（必要时可附页绘图说明）：

	应拉断路器（开关）、隔离开关（刀闸）	已执行*
1	断开机炉工作变压器低压侧 412 开关，并将 422 开关摇至"试验"位置，并在 422 开关柜门上悬挂"禁止合闸　有人工作"标示牌。	√
2	取下机炉工作变压器低压侧 412 开关控制电源保险。	√
3	断开机炉工作变压器高压侧 6001 开关，并将 6001 开关小车摇至"试验"位置，并在 6001 开关柜门上悬挂"禁止合闸　有人工作"标示牌。	√
4	取下机炉工作变压器 6001 开关小车二次插头。	√
	⚡	

应装接地线、应合接地刀闸（注明确实地点、名称及接地线编号*）		已执行
1	合上 6001 高压开关柜 6001-1 接地刀闸，并在 6001-1 接地刀闸操作把手上悬挂"禁止合闸　有人工作"标示牌。	√
2	在机炉工作变压器低压侧装设一组接地线，编号：1 号接地线。	√
	⚡	
应设遮栏、应挂标示牌及防止二次回路误碰等措施		已执行
无		
⚡		

*已执行栏目及接地线编号由工作许可人填写。

工作地点保留带电部分或注意事项 （由工作票签发人填写）	补充工作地点保留带电部分和安全措施 （由工作许可人填写）
无	无补充
⚡	⚡

工作票签发人签名：王某　签发日期：<u>2017</u> 年 <u>09</u> 月 <u>30</u> 日 <u>11</u> 时 <u>00</u> 分

7. 收到工作票时间：<u>2017</u> 年 <u>09</u> 月 <u>30</u> 日 <u>13</u> 时 <u>00</u> 分

　　运行值班人员签名：杨某　　工作负责人签名：高某

8. 工作许可：确认本工作票 1～7 项。

　　工作负责人签名：高某　　　工作许可人签名：杨某

　　许可开始工作时间：<u>2017</u> 年 <u>09</u> 月 <u>30</u> 日 <u>13</u> 时 <u>00</u> 分

存在错误：

（1）第 6 项"安全措施"第一条断开的开关编号前后不对应。

（2）第 8 项"许可开始工作时间"与"收到工作票时间"一致，无现场做安全措施的时间，存在错误。

样例3 1号给水泵电动机检查

试题素材

（1）工作任务：1号给水泵电动机检查。

（2）现场设备情况：机组检修期间，1号给水泵电动机检查。

（3）工作单位：生产部 检修班组。

（4）工作班组及人员：张某、李某，共2人。

（5）工作负责人：高某。

（6）工作票许可人：杨某。

（7）工作票签发人：王某。

（8）计划工作时间：2017年10月01日09:00～2017年10月01日16:00。

（9）不考虑总、分工作票和其他相关的检修任务。

发电厂电气第一种工作票

单位（车间）：××××发电有限公司　　　　　编号：DQ201710003

1. 工作负责人（监护人）：　薄某　　　　　　班组：　检修班组　

2. 工作班人员（不包括工作负责人）：

张某、高某　　　　　　　　　　　　　　　　　　　共　2　人。

3. 工作的变、配电站名称及设备双重名称：

1号给水泵电动机

4. 工作任务：

工作地点及设备双重名称	工作内容
汽轮机 0m 1 号给水泵电动机	检查

5. 计划工作时间：

自 2017 年 10 月 01 日 09 时 00 分至 2017 年 10 月 02 日 20 时 00 分

6. 安全措施（必要时可附页绘图说明）：

	应拉断路器（开关）、隔离开关（刀闸）	已执行*
1	断开 1 号给水泵 620 开关，并将 620 开关小车摇至"试验"位置。	√
2	取下 620 开关小车二次插头。	√
3	拉开 1 号给水泵高压变频器旁路柜 QS4 隔离刀闸，并在 QS4 隔离刀闸操作把手上悬挂"禁止合闸 有人工作"标示牌。	√
4	拉开 1 号给水泵高压变频器旁路柜 QS5 隔离刀闸，并在 QS5 隔离刀闸操作把手上悬挂"禁止合闸 有人工作"标示牌。	√
5	拉开 1 号给水泵高压变频器旁路柜 QS6 隔离刀闸，并在 QS6 隔离刀闸操作把手上悬挂"禁止合闸 有人工作"标示牌。	√
6	拉开 1 号给水泵无功补偿柜 6201 隔离刀闸，并在 6201 隔离刀闸操作把手上悬挂"禁止合闸 有人工作"标示牌。	√
7	断开 1 号给水泵高压变频控制柜内工作电源小开关。	√
8	断开 1 号给水泵高压变频控制柜内备用电源小开关，并在柜门上悬挂"禁止合闸 有人工作"标示牌。	√
9	断开 1 号给水泵无功补偿控制柜内控制电源小开关，并在操作面板上悬挂"禁止合闸 有人工作" 标示牌。	√
	⚡	
	应装接地线、应合接地刀闸（注明确实地点、名称及接地线编号*）	已执行
1	合上 1 号给水泵高压开关柜 620-1 接地刀闸，并在 620-1 接地刀闸操作把手上悬挂"禁止合闸 有人工作"标示牌	√
	⚡	
	应设遮栏、应挂标示牌及防止二次回路误碰等措施	已执行
	无	
	⚡	

*已执行栏目及接地线编号由工作许可人填写。

工作地点保留带电部分或注意事项 （由工作票签发人填写）	补充工作地点保留带电部分和安全措施 （由工作许可人填写）
⚡	⚡

工作票签发人签名：<u>邵某</u>　签发日期：<u>2017</u> 年 <u>09</u> 月 <u>30</u> 日 <u>14</u> 时 <u>00</u> 分

7. 收到工作票时间：<u>2017</u> 年 <u>09</u> 月 <u>30</u> 日 <u>15</u> 时 <u>00</u> 分

运行值班人员签名：<u>杨某</u>　　工作负责人签名：<u>薄某</u>

8. 工作许可：确认本工作票 1～7 项。

工作负责人签名：<u>薄某</u>　　工作许可人签名：<u>陈某</u>

许可开始工作时间：<u>2017</u> 年 <u>10</u> 月 <u>01</u> 日 <u>10</u> 时 <u>00</u> 分

存在错误：

（1）第 6 项"安全措施"中的"工作地点保留带电部分或注意事项"、"补充工作地点保留带电部分和安全措施"空白未填写。

（2）第 3 项"工作的变、配电站名称及设备双重名称"中工作的变、配电站名称填写不全。

（3）第 6 项第一条中断开 620 开关后未在开关柜上悬挂"禁止合闸　有人工作"标示牌。

样例 4　1 号发电机出线至 110kV 线路侧避雷器清扫

试题素材

（1）工作任务：1 号发电机出线至 110kV 线路侧避雷器清扫。

（2）现场设备情况：机组检修期间，1 号发电机出线至 110kV 线路侧避雷器清扫。

（3）工作单位：生产部　检修班组。

（4）工作班组及人员：王某、杜某，共 2 人。

（5）工作负责人：张某。

（6）工作票许可人：李某。

（7）工作票签发人：吴某。

（8）计划工作时间：2017 年 10 月 01 日 09:00～2017 年 10 月 01 日 16:00。

（9）不考虑总、分工作票和其他相关的检修任务。

发电厂电气第一种工作票

单位（车间）：××××发电有限公司　　　　　编号：DQ201710002

1. 工作负责人（监护人）：　张某　　　　　　　　班组：　检修班组

2. 工作班人员（不包括工作负责人）：

王某、杜某　　　　　　　　　　　　　　　　　　　共　2　人。

3. 工作的变、配电站名称及设备双重名称：

1号发电机出线至110kV线路侧避雷器

4. 工作任务：

工作地点及设备双重名称	工作内容
1号发电机出线至110kV线路侧避雷器	清扫

5. 计划工作时间：

自　2017　年　10　月　01　日　09　时　00　分至　2017　年　10　月　01　日　20　时　00　分

6. 安全措施（必要时可附页绘图说明）：

	应拉断路器（开关）、隔离开关（刀闸）	已执行*
1	断开1号电抗器电源侧611开关，并将611开关小车摇至"试验"位置，并在611开关柜柜门上悬挂"禁止操作　有人工作"标示牌。	
2	取下611开关小车二次插头。	
3	断开6kV厂用1段母线工作电源进线612开关，并将612开关小车摇至"试验"位置，并在612开关柜柜门上悬挂"禁止合闸　有人工作"标示牌。	
4	取下612开关小车二次插头。	
5	将6kV厂用1段母线工作电源进线3TA由"工作"位置摇至"试验"位置，并在3TA柜门上悬挂"禁止合闸　有人工作"标示牌。	
6	取下3TA小车二次插头。	
7	断开110kV线路111开关，并在111开关就地控制箱门把手上悬挂"禁止合闸　有人工作"标示牌。	
8	断开110kV线路111开关就地控制箱内储能电源小开关。	

	应拉断路器（开关）、隔离开关（刀闸）	已执行*
9	断开110kV线路111开关就地控制箱内操作电源小开关。	
10	拉开110kV线路111-5隔离刀闸，并在111-5隔离刀闸操作把手上悬挂"禁止合闸 有人工作"标示牌。	
11	将1号发电机出线1TA小车由"工作"位置摇至"试验"位置，并在1TA柜柜门上悬挂"禁止合闸 有人工作"标示牌。	
12	取下1TA小车二次插头。	
13	将1号发电机出线2TA小车由"工作"位置摇至"试验"位置，并在2TA柜柜门上悬挂"禁止合闸 有人工作"标示牌。	
14	取下2TA小车二次插头。	
15	拉开1号发电机励磁功率柜内三相交流励磁电源刀闸，并在功率柜柜门把手上悬挂"禁止合闸 有人工作"标示牌。	
16	拉开1号发电机励磁功率柜内直流输出刀闸。	
17	拉开1号发电机功率灭磁柜内三相交流励磁电源刀闸，并在灭磁柜柜门把手上悬挂"禁止合闸 有人工作"标示牌。	
18	拉开1号发电机功率灭磁柜内直流输出刀闸。	
	⚡	
	应装接地线、应合接地刀闸（注明确实地点、名称及接地线编号*）	已执行
1	合上110kV线路厂内侧111-5KD接地刀闸，并在111-5KD接地刀闸操作把手上悬挂"禁止合闸 有人工作"标示牌。	
2	合上110kV线路线路侧111-5×D接地刀闸，并在111-5×D接地刀闸操作把手上悬挂"禁止合闸 有人工作"标示牌。	
3	在110kV线路侧避雷器主接线上装设一组接地线。	
4	在110kV1号主变压器高压侧装设一组接地线。	
5	在1号电抗器负荷侧铜排上装设一组接地线。	
6	在1号发电机中性点侧出线铜排上装设一组接地线。	
	⚡	
	应设遮栏、应挂标示牌及防止二次回路误碰等措施	已执行
	无	
	⚡	

*已执行栏目及接地线编号由工作许可人填写。

工作地点保留带电部分或注意事项 （由工作票签发人填写）	补充工作地点保留带电部分和安全措施 （由工作许可人填写）
注意事项：35kV 线路带电，保持安全距离。	无补充
⚡	⚡

工作票签发人签名：吴某　签发日期：2017 年 09 月 30 日 09 时 30 分

7. 收到工作票时间：2017 年 09 月 30 日 10 时 00 分

运行值班人员签名：李某　　　　工作负责人签名：张某

8. 工作许可：确认本工作票1～7项。

工作负责人签名：张某　　　　　工作许可人签名：李某

许可开始工作时间：2017 年 10 月 01 日 10 时 00 分

存在错误：

（1）第 6 项"安全措施"中安全措施执行完毕后未及时打"√"确认。

（2）第 6 项"安全措施"中"应装接地线、应合接地刀闸"第 3、5、6 条装设的接地线未填写接地线编号。

样例 5　6kV 配电室 6kV 厂用 1 段母线清扫

试题素材

（1）工作任务：6kV 配电室 6kV 厂用 1 段母线清扫。

（2）现场设备情况：机组检修期间，6kV 配电室 6kV 厂用 1 段母线清扫。

（3）工作单位：生产部　检修班组。

（4）工作班组及人员：孙某、王某，共 2 人。

（5）工作负责人：李某。

（6）工作票许可人：肖某。

（7）工作票签发人：黄某。

（8）计划工作时间：2017 年 10 月 01 日 09:00～2017 年 10 月 01 日 16:00。

（9）不考虑总、分工作票和其他相关的检修任务。

发电厂电气第一种工作票

单位（车间）：××××发电有限公司　　　　　　　编号：DQ201710001

1. 工作负责人（监护人）：　李某　　　　　　班组：　检修班组　

2. 工作班人员（不包括工作负责人）：

　李某、孙某、王某　　　　　　　　　　　　　　　　　　　　共　3　人。

3. 工作的变、配电站名称及设备双重名称：

　6kV 配电室 6kV 厂用 1 段母线

4. 工作任务：

工作地点及设备双重名称	工作内容
6kV 配电室 6kV 厂用 1 段	清扫

5. 计划工作时间：

自 2017 年 10 月 01 日 09 时 00 分至 2017 年 10 月 01 日 20 时 00 分

6. 安全措施（必要时可附页绘图说明）：

	应拉断路器（开关）、隔离开关（刀闸）	已执行*
1	断开 1 号电抗器电源侧 611 开关，并将 611 开关小车摇至"试验"位置，并在 611 开关柜柜门上悬挂"禁止合闸　有人工作"标示牌。	√
2	取下 611 开关小车二次插头。	√
3	断开 6kV 厂用 1 段母线工作电源进线 612 开关，并将 612 开关小车摇至"试验"位置，并在 612 开关柜柜门上悬挂"禁止合闸　有人工作"标示牌。	√
4	取下 612 开关小车二次插头。	√
5	将 6kV 厂用 1 段母线工作电源进线 3TA 小车由"工作"位置摇至"试验"位置，并在 3TA 柜柜门上悬挂"禁止合闸　有人工作"标示牌。	√

	应拉断路器（开关）、隔离开关（刀闸）	已执行*
6	取下 3TV 小车二次插头。	√
7	断开 6kV 厂用 1 段母线备用电源进线 610 开关，并将 610 开关小车摇至"试验"位置，并在 610 开关柜柜门上悬挂"禁止合闸　有人工作"标示牌。	√
8	将 6kV 厂用 1 段母线备用电源进线 4TA 小车由"工作"位置摇至"试验"位置，并在 4TA 柜柜门上悬挂"禁止合闸　有人工作"标示牌。	√
9	取下 4TV 小车二次插头。	√
10	将 6kV 厂用 1 段母线 6TV 小车由"工作"位置摇至"试验"位置，并在 6TV 柜柜门上悬挂"禁止合闸　有人工作"标示牌。	√
11	取下 6TV 小车二次插头。	√
12	断开 35kV 线路 353 开关，并在 353 开关就地控制柜柜门上悬挂"禁止合闸　有人工作"标示牌。	√
13	断开 35kV 线路 353 开关就地控制箱内操作电源小开关。	√
14	断开 35kV 线路 353 开关就地控制箱内储能电源小开关。	√
15	拉开 35kV 线路 353-5 隔离刀闸，并在 353-5 隔离刀闸操作把手上悬挂"禁止合闸　有人工作"标示牌。	√
16	断开 400V 机炉段 5 号馈线柜上 6kV 交流小母线电源开关，并将 6kV 交流小母线电源开关摇至"试验"位置，并在 6kV 交流小母线电源开关把手上悬挂"禁止合闸　有人工作"标示牌。	√
17	断开电气保护室直流屏 1 号馈线柜上 6kV 厂用母线电源 1 直流小开关，并在 6kV 厂用母线电源 1 直流小开关上悬挂"禁止合闸　有人工作"标示牌。	√
18	断开电气保护室直流屏 1 号馈线柜上 6kV 厂用母线电源 2 直流小开关，并在 6kV 厂用母线电源 2 直流小开关上悬挂"禁止合闸　有人工作"标示牌。	√
19	将 6kV 母线工作电源进线 3TV 柜操作面板上直流母线进线转换开关打至"断开"位置，并在转换开关手柄上悬挂"禁止合闸　有人工作"标示牌。	√
	⚡	
应装接地线、应合接地刀闸（注明确实地点、名称及接地线编号*）		已执行
1	合上 35kV 线路 353-5KD 接地刀闸，并在 353-5KD 接地刀闸操作把手上悬挂"禁止合闸　有人工作"标示牌。	√

	应装接地线、应合接地刀闸（注明确实地点、名称及接地线编号*）	已执行
2	在35kV启备变低压侧装设一组接地线，编号：1号接地线。	√
3	在1号电抗器负荷侧装设一组接地线，编号：2号接地线。	√
4	在6kV厂用1段母线铜排上装设一组接地线，编号：3号接地线。	√
	ϟ	
	应设遮栏、应挂标示牌及防止二次回路误碰等措施	已执行
	无	
	ϟ	

*已执行栏目及接地线编号由工作许可人填写。

工作地点保留带电部分或注意事项 （由工作票签发人填写）	补充工作地点保留带电部分和安全措施 （由工作许可人填写）
无	无补充
ϟ	ϟ

工作票签发人签名：黄某 签发日期：2017年09月30日10时00分

7. 收到工作票时间：2017年09月30日11时00分

　　运行值班人员签名：肖某　工作负责人签名：李某

8. 工作许可：确认本工作票1～7项。

　　工作负责人签名：李某　工作许可人签名：肖某

　　许可开始工作时间：2017年10月01日11时00分

存在错误：

（1）第2项"工作班人员"中不包括工作负责人，人数填写错误。

290

（2）第6项"安全措施"中未填写执行"取下610开关小车二次插头"的安全措施。

（3）第4项"工作地点及设备双重名称"中设备的双重名称填写不完全。

编制组织单位	国网节能服务有限公司			
参加编制单位	国能生物发电集团有限公司			
主要起草人员	胡从福	张　平	刘永杰	杜向军
	李畔畔	刘　华	王运金	熊金玉
	高　健	郑雯雯	尹晓刚	李鑫磊
	韩全银	邵理猛		
主要审查人员	王理金	曹坤茂	张　洋	冯林杨
	王春礼	鲁　顺	王晓东	丛　琳
	姚晓昀			